地方志災異資料叢刊

第二編

15

于春媚 賈貴榮 編

國家圖書館出版社

第十五册目録

【民國】續纂山陽縣志

邱沅、王元章修　段朝端等纂

民國十年（1921）刻本

續纂山陽縣志卷十五

雜記　兵戎　祥祲

雜記肇於曲臺後來撰志者多立此一門凡畸言賸説無類可歸者胥入焉亦猶史之外傳子之外篇所以網羅放失辨章潛隱漢志所謂小説家流亦采風者所不廢也是卷體例悉遵原志略加蒐采以資觀感或原志所佚掇其遺事以俟編補雖繁簡不同要皆期於紀實無乖義例而止至如交通傳教事實無多姑按年次羼入仍原志考時政體也

漢高帝六年封項伯為射陽侯史記項羽本紀

初學記載漢宮有韓信殿信既族矣何爲用以名殿耶山陽志遺按藝文類聚蕭何曹參韓信皆有殿又長樂宮有韓信射臺見三輔黃圖

步騭墓在吳縣東北三里有碑見存臨頓橋西南陸廣微吳地記

魏鄧艾圖吳屯田於白水塘郡國利病書引舊山陽縣志按閻徵君潛邱謂白水塘舊名白水陂一曰射陂

晉義熙二年諸葛長民由青山徙山陽南齊書州郡志

元嘉十九年山陽張休宗獲白鹿南兗州刺史王義宗來獻宋書符瑞志

大明元年白麞見山陽內史程天祚以獻宋書符瑞志按原志職官及雜記載程天祚作泰始二年山陽太守

隋大業元年以邗溝水道屈曲發民濬治自山陽至揚子入江渠廣四十步潛邱劄記

長慶二年開棠梨涇唐書地理志

趙嘏編年詩一卷見新唐書藝文志意以爲按年分編之詩耳考佚存叢書有唐才子傳元辛文房撰趙傳末云今有渭南集及編年詩二卷悉取十三代史事自始生至百歲歲賦一首二首總得一百一十章今並行於世蓋卽全謝山年華錄之類世人知之者鮮矣又撮卒時年四十餘亦見此傳跰蹷餘話

文苑英華錄鄭吉楚州修城南門記作於大中十四年末

云往歲有將作少監李陽冰善篆書尤工爲大字瑰碩多力郡邑省寺得其署題者榮而葆之大歷中客遊楚因大署州門昔人措之於西偏至是公按謂刺史李句易之於南門以表揭遠近陽冰字在當時已可寶貴如此不知毁於何時山陽志遺

咸通九年秋七月桂州戍卒作亂推糧料判官龐勛爲主刼庫兵北還所過剽掠冬十月攻泗州不克十年正月辛讌救泗州帥浙西軍至楚州敕使張存誠以舟助之見資治通鑑

周世宗取楚州踰時不下既克命屠其城宋太祖見一婦

人斷首道旁兒猶吮乳太祖惻然爲返命兵戎之慘可想

其地名因子巷今湮淮壖小記

宋太祖以索靖平京城功封山陽縣五等侯山陽志遺引宋書索靖傳又云按宋時河内山陽久已不入版圖其以封靖當是吾郡山陽

宋祁修楚州學記劃淮陰山陽芻場爲學田淮壖小記

元豐辛酉四年山陽大水太守李公孝博捍禦甚力節孝集

宋僧崇岳字圓明住淮陰之太甯寺逮與張耒諸父游年七十餘耳目聰明精力强壯奉戒精苦禪誦不輟聞耒自黄歸空所居相延日與之語或寂然相對終日耒爲作僧堂記柯山集次韻君復七兄見贈云還丹欲問僕僕仙原

注謂陸先生一庵更作騰騰睡原注謂圓明又喜七兄疾愈云南州隱士龍虎鼎原注陸先生平叔有道氣東寺比邱堅密身原注圓明師戒行無玷詩內屢以陸與圓明對舉意陸亦有道之士必淮人也又陸游入蜀記云清涼廣慧寺長老寶餘楚州人留食贈南唐後主撮襟書德慶堂榜揚州畫舫錄云淮安董道士壘九獅山藉藉人口此二人亦方外翹楚跰躚餘話

蔡繩爲醴泉主簿有美行博學能文爲世間人得飢疾每餓立須啖稍遲則頓仆雖遇貴官亦懷餅餌秦少游蔡夫人行狀夫人楚州山陽人父中正祕書省校書郎兄繩以

操行知名 夢溪筆談

某應舉時見帳後有一黃草新繩糾繞成一及字余曰此乃佳兆蓋閩人謂登科及第也 張耒續明道雜志

張耒離楚夜泊高麗館寄楊克一甥云爾家外大父聽訟代其憂備飢朝煮飯驅蚊夜張幬獄成上府時稽顙呼張侯原注先子治獄卹囚最有恩事載墓刻按謂先生父也於克一爲外大父蓋其治獄如此 研鄰餘話

右史祖官閩父由三司檢法官出任吳江令吳正憲贈詩云全吳好風景之子去絃歌夜犬驚胥少秋鱸餉客多縣樓疑海蜃衙鼓答江鼉遙想晨鳧下長橋正綠波王中父

云作祓軒綏寵新辭許省繁三江吳故國百里撰郎官烟水尊芽紫霜天橘柚丹優游民政外風月卽淸歡又嘗從趙周翰學易並見明道雜志而名未見惟據集中投知己書知其歿於熙甯四年耳又右史祭李深之文昔我先人剛介峭崎惟屯田君則實同年李深之墓銘父餘慶屯田郎中然則右史父亦進士第雉墻小記右史送李端叔赴定州序某爲兒童從先人於山陽學官始見端叔柯山集疑右史父嘗爲山陽學官按以上三則可組爲一傳曰父某云云系於耒傳幼穎異句上半八瑣記

右史於藝無所不窺山谷次韻文潛休沐不出詩牆東作

瘦馬注文潛善畫馬是善畫也董史皇宋書錄盤洲跋曾
躬所藏草書云張右史文名滿天下而人不知其善書觀
此盤妙眞可藏之什襲是善書也直齋書錄解題張文潛
醫書一卷三十二方號治風集中食蟹詩藥戒文罷安常
傳皆根靈素東坡志林引右史論目疾不可治數語是善
醫也焦氏筆乘有右史老子注答徐仲車詩我意與子殊
欲去依禪子是通二氏也濟山雜識記右史喜飲酒能及
斗呼酒器爲蠅子水心亭是善飲也以上見淮壖小記按
此亦未備柯山集有病臂已平獨挽弓無力戲作此詩是
能射也

宋洪炎爲黃山谷甥著有西渡集刊入小萬卷樓叢書中有楚州阻水遥懷汪信民呂居仁二十四言云大江北理長淮西馱厥陝射陽城邑嶽峙甃渠而漕首淮江尾舳艫岢峩連檣千里青雀翩翩彩虹嶷嶷梁踼舟蹐限兹潢水昔我至止得二國士箪瓢相樂汪呂氏子于今幾年乖隔生死梗泛萍飄乃復於此菱花浄吐鷺羽徐起如欲我留眄睞以喜俯仰山川感念成毀一瞬千古寓非予恥 按汪信民名革一字伯更曾任楚州教授已見職官表據謝幼槃文集汪蓋殁於任所在徽宗大觀四年呂居仁名本中公著曾孫宋史有傳據此是徽宗時呂曾流寓山陽也

黃長睿字伯思邵武人嘗居京口為鄱陽張氏婿張僑於淮家有棲鳳華衮二堂伯思未就官以前往來鎮楚其居甥館約在政和間好古文奇字精鑒賞據東觀餘論各碑跋尾或云於山陽棲鳳堂書或云於楚州華衮堂觀或云於山陽以張丈人家藏帖校然則伯思亦嘗寓淮棲鳳華衮堂尤可入古蹟也跰蹝餘話

宣和二年方臘陷楚州東都事略

陳瓘謫官安置山陽府志又註王明清云宣和庚子蔡元長當國外祖曾空青守山陽時方臘據二浙甚熾初元長怨陳瑩中以嘗上書詆文肅謫居彼欲令外祖甘心焉既至外祖極力照矚之適瑩中告病外祖即令醫者朝夕診視其疾之進退與所供藥餌中官已而不起亦令作佛事僧衆下至凶肆之徒悉入狀用印系

案條吏以為何至是曰數日後當知之已而朝廷遣淮南轉運使陸長民體究云盜賊大作未審陳瓘死處實外祖郎以案牘繳奏以聞人始服其先見

紹興三年沂州王倫刼掠楚州淮壖小記引歐陽文忠集

五年韓蘄王督兵淮楚領背嵬軍獵於郊道逢虎羣出下令打圍甲士環合各以神臂克敵弓射之凡斃三十餘其一最雄鷙目光如鏡毛茸皆紫色銳頭豐下爪距異常羽鏃不能入跳勃哮吼眾辟易大將呼延通奮怒馳馬出擊誓必死之伺其張口發大羽箭正中舌上虎雷吼山立宛轉而死命從騎四輩舁歸剝皮為鞍韉一軍壯其勇夷堅志

福建通志一百二十七王洋字元𣶏山陽人宣和進士紹

興間以直徽猷閣知邵武軍民俗生子多不舉奏立舉子
倉凡民婦孕五月即報丞註籍免其夫差役候當產給以
錢米有袁氏夫死詣庭投牒丐他適見衰絰之下紅裳微
露且無戚容械訊之乃毒死其夫者問如律按原志不傳
云愆與三郡操淮壖小記知爲廬陵鄱陽邵武鄱陽有與
洪晧往還事邵武得此乃知志言所至有異政非虛語也
葛萬宿預人徙楚州紹興辛巳三十一年胡塵不靖率鄉人子
弟立忠義軍自稱統領與魏勝不合往淮北久之南歸因
獲反者蕭榮補閤門祇候充沿淮都巡檢卒於官妻子今
猶居山陽之高師夷堅志

乾道元年淮北紅巾賊蹂淮刼掠知楚州胡明道巡尉孿殺其首蕭榮府志按巡尉當是沿淮都巡檢葛萬以夷堅志載葛萬事證之正合事見上

三年楚州參軍李孟傳修復陳公塘有灌溉之利宋史李孟傳傳

于允升山陽人居郡南鵲河之側乾道五年從徐子寅爲屯田總轄官屯於二十里外畢溝東寨有惡子傳乙流落淮浙屢訐允升之過允升械之九年傳詣屯莊修謁允升待之厚飲以未熟之酒啖以半生之猪洞泄連日納諸松棺俾致西寨三叉口瘞之朱從龍都轄知其事未暇治舉自是允升嘗見傳在前歎語如平日志所欲成必陰爲啟導允升私喜得鬼神之助明年春從龍坐事去允升恍惚

若有人告以嘉謀功名可立致遂糾徒侶渡淮攻宿預掠臨淮王家金珠楚守畏邊隙遣劉光遠以閤門祗候說誘之允升猶持疑夢中聞人言云歸必大貴乃南還詔斬於盱眙臨刑猶見傳守左右（夷堅志）

淳熙五年知楚州翟畋過淮生事奪官（府志）

閩人龔民伯封嘉興人也淳熙六年赴楚州錄曹母春秋高不肯去鄉里屬其弟舜民侍養而獨之官經三月積俸錢百千買券遣僕持歸遺母未行爲盜竊去極以憂窘常事北斗即炷香拜祝言母年老以貧逐祿僅得此金稍供甘旨願指示其人使速敗於是發卒躡捕出城見一男子

持傘在著鞭亭亭在城南十里狀若張皇禽之果盜也縛送太守翟吹無逸詰之曰方上路見一人隨後長身被髮稍前添成七人當道遮攔不容行一步故坐而待禽械獄正罪夷堅志

十五年楚州雨自五月至六月淸河口溢壞城百丈淮壖小記引葉水心集

楚州方夫子佯狂若與人言則其人禍必至又知太守陳敏乾道中以武鋒軍都統制兼知楚州故里被焚於數百里外夷堅志

石繼曾字興宗嘉定中官楚州司理參軍治獄詳明屬縣尉一日獲盜十輩意且得醲賞同僚爲言君雖恕然不可

縱盜公正色對曰盜誠不可縱罪亦不可入囚辭亦不可不盡同僚退相謂曰尉賞不諧矣獄成眞盜才五人餘破械遣去部使者趙公思尤賢公一路有疑滯獄訟輙以委公公治之無遺察雖受罰者皆稱其平山陽志遺

紹定元年監楚州大軍倉富起宗軍變死難府志

山陽舊屯軍八千雷世方乞止差鎭江一軍五千必大曰山陽控扼淸河口若今減而後增必致敵疑揚州武鋒一軍本屯山陽者不若歲撥三千與鎭江五千同戍見宋史周必大傳按宋兵志一乾道之末各州有都統司領兵楚州武鋒軍一萬一千其後分屯列戍增損靡常至慶元初

沈作賓入對奏楚州武鋒一軍已招三千五百餘人朝廷初欲減戍數年未就紀律願責之練習期以歲月見作賓本傳緣南渡後楚為極邊與漣水並為衝要常駐大軍乾道四年楚州置壯丁民社建炎後諸屯有淮陰前軍並見兵志六員楚諸州又新招萬弩手見汪綱傳兵志於楚漣水臚舉各屯有揀中騎射步軍奉化開遠六奇耀武壯武廣濟水運裝發水軍車軍諸目謂皆建隆以來之制熙甯以後約略相同此宋時山陽兵制之大較也牛人項記

宋史循吏張綸傳除江淮制置發運副使時鹽課大虧乃奏除通泰楚三州鹽戶宿負官助其器用鹽入優與之直

由是歲課增數十萬石又吳遵路傳爲淮南轉運副使會
龍江淮發運使遂兼發運司事嘗於眞楚泰州高郵軍置
斗門十九以蓄泄水利又廣屬郡常平倉儲蓄至二百萬
以待凶歲二人政績皆有功淮郡而原志失載
林興宗字景復以門蔭補廬陵尉調泉州節度推官先是
叛將李全既降益驕蹇其妻楊氏擁兵淮安脅官吏士
大夫視淮安如蛇鄉虎落無敢往者興宗遷淮安軍法曹
慨然請行至則改淮陰令未幾全復叛楊氏盡俘南官以
去興宗流落海州膠州青社十年餘朝夕肘縣印卧起實
下致小童自給溺死者數至采稆拾橡充飢家人不知其

存亡寶祐（原作嘉祐誤）中趙葵爲淮東制置使遣間物色得之興宗屢以帛書報北邊機事既而自拔以歸葵驗其印及告身如故表乞旌擢詔授宣議郎通判海州改淮安軍後移知韶州卒（理宗朝）同時陷賊有周子容主簿者後興宗來歸由右選得朝奉郎見福建通志卷百八十按興宗已見光緒府志補見前惟府志作淮安令通志作淮陰令小異周子容府志作鎔注云淳祐七年淮安縣主簿揣興宗任淮安令亦必在淳祐七年故通志謂其同時陷賊也

楚州官妓王英英善筆札學顏魯公體蔡襄復教以筆法晚年作大字甚佳梅聖俞贈詩云山陽女子大字書不學

常流事梳洗親傳筆法中郎孫妙作蠶頭魯公體見臨漢隱居詩話又見董史皇宋書錄

莊綽雞肋編天下方俗各有所諱楚州人諱烏龜頭言郡城象龜形常被攻而術者教以擊首而破也按此知鹽龜顧海之說實有所本跅蹥餘話

元元貞二年淮安朐山鹽城水府志

大德三年淮安管內蝗蟲爲患有鶩數千啄食之中書省奏准禁捕禿鶩山居新話

錢遵王讀書敏求記江文通集八卷元趙賓翁領國子學閱崇文館書得文通全集鈔寄蕭山舊宅夢筆寺此本乃

元僧弘濟所錄按志言貧翁授潮州路推官後爲中大夫未及領國學一事豈卽中大夫所兼之職耶

薩都刺（泰定丁卯進士）過淮陰祠短衣瘦馬望楚天空濶碧雲林杪野水孤城斜日裏猶憶那回曾到古木鴉啼紙灰風起飛入淮陰廟椎牛釃酒英雄千古誰弔何處漂母荒墳淸明落日腸斷王孫草鳥盡弓藏成底事百事不如歸好半夜鐘聲五更雞唱南北行人老道旁楊柳青青春又來了雁門集

至正十六年十月鎮南王退駐淮安趙君用自泗州來寇城陷淮東廉訪使褚不華死之鎮南王被執不屈與妻子

皆赴水死　初不華與判官劉甲扞禦淮安甲守韓信城相犄角甲有智勇與賊戰輙勝賊憚之號曰劉鐵頭不華賴之總兵者易甲去韓信城陷　先是同僉淮南行樞密院事董搏霄建議於朝曰淮安爲南北襟喉江淮要衝其地一失兩淮皆未易保援救淮安誠爲亟務今日之計莫若於黄河上下瀕海之地南自沭陽北抵沂莒贛榆諸州縣布連珠營每三十里設一總砦就二十里中又設一小砦使烽燧相望而巡邏往來遇賊則并力野戰無事則屯種而食然後進有援退有守此善戰者常爲不可勝以待敵之可勝也又言瀕淮海之地人民屢經盜賊宜加存撫

權令軍人搬運其陸運之方每人行十步三十六人可行一里三百六十人可行十里三千六百人可行百里每人負米四斗以夾布囊盛之用印封識人不息肩米不著地排列成行日行五百回計路二十八里輕行十四里重行十四里日可運米二百石每運給米一升可供二萬人此百里一日運糧之術也又江淮多流移之人并安東海甯沭陽贛榆等州縣俱廢其壯者已盡爲兵老幼無所依歸者宜立軍民防禦司擇軍官才堪牧守者使居其職而籍其民以屯故地練兵積穀且耕且戰內全山東完固之邦外捍淮海出沒之寇而後恢復可圖也時不能用淮安州

於賊府志引各本傳
王逢朱家奴阮辭云淮陰三月花開枳使君死作殊方鬼
眼看骨肉不敢收奉虜稱奴聽頤指又云今年始得間道
歸城郭豈是人民非主家日給太倉粟殘生猶著使君衣
又云回頭還語玉雪孤勿辭貧賤善保軀瞻屋未辨雌雄
烏見梧溪集據此是阮乃義僕
周振山陽鐵工之子精於聚斂爲張士誠上卿二十七年
徐達破蘇州幕客之誤國者皆斬誅振亦見獲告主者曰
錢穀鹽鐵簿皆在我汝國欲富勿殺我主者曰亡國賊尚
不知死罪耶斬之民大悅曰今日天開眼府志

明洪武間劉誠意伯登淮城相度形勢惟慮洪澤潰溢因
鑄鐵人高丈餘以右手指西南厭之閒園志遺
永樂十年浚故沙河府志引治河方略
舊志葉淇傳拜監察御史天順初坐同姓名累黜知武陟
縣改清江贊抵皆有惠政成化初用薦超陞廣西按察司
僉事撫定南丹土職督捕南寧荔浦諸賊遷陝西副使領
岷州兵備又撫定松潘諸賊剿洮州賊擢河南按察使拜
都察院左僉都御史巡撫山西值歲屢歉發廩賑粟全活
者眾奏免各州縣秋糧數十萬石草百餘萬束調大同兼
贊理軍務宏治初爲戶部左右侍郎進尚書加太子少保

以下敘獻皇莊開銀礦廣哈密三事淇皆寢其奏云云下略
明史淇附李敏傳原志全本明史一字不增減淇官廣西
陝西山西三省皆有治績原志概未敘列不及舊志之詳
廣西通志有淇傳亦歷敘撫南丹土官勦南甯荔浦賊與
舊志合又云蓄水通粟以濟飢民撫山西亦嘗發廣賑粟敘已見前此官廣西時
事爲舊志所無宜參錄以補其缺
景泰三年淮安大飢上于樓橋上閱疏大驚曰奈何百姓
飢死矣次日接淮撫王竑疏輒開倉賑濟上大言曰好都
御史不然飢死吾百姓也王公此舉眞有古大臣風景帝
心乎爲民亦有人君之度山陽志遺　按明鑑作四年春三月

淮安前輩風範最可敬愛潘中丞塤（正德間進士）曰塤爲諸生時將郡博吳先生命往見鄉先輩韋憲副斌先見其二子元昇季晃然後公出塤再拜致郡傅之意公唯唯覆數語而入命二子延坐啜茶塤他日爲給事中歸謁顧太僕達時年七十六衣冠扶杖出塤再拜問起居公引之上坐塤遜避至再曰老先生有三可尊何不虛此坐以勸後進使知少長之序公瞿然以杖戳地曰老夫今日乃得聞此語坐吾不敢復讓翌日之淸江見張河陰綦晨往候公盥櫛待于次公出衣冠甚古南面而塤拜公立受扶而起塤則再拜公嘖嘖有歎勉語頃之奚奴拂几案出殽簌各二器酒

三行飯一盂禮甚簡及塤避暄湖西公時年八十七不遠三十里駕小舟過訪言笑竟日薄暮始歸暇日數遺以詩自署雙槐老叟其風味意態爲近世所未有三公皆鄉先生杜門肥遯同一高致然章公則嚴而正顧公則介而通張公則簡易而直皆可敬仰者也今日鄉黨中有如此風範否 山陽志遺

傅公祠在文昌宮內有公象一軸其贊云商巖之卜肖象而求淮陰之去肖象而留世或不同道則相侔姓之弗殊人可匹儔黼黼之度袞舄之流天子是毘四國是遒肅瞻肖像仰止前脩儀型孔邇士頌民謳中興嘉靖允藉謨猷

門人沈益拜贊按公諱頤號少巖湖廣沔陽人嘉靖壬辰進士官總漕今政績無考乾隆甲子公裔孫鳴玉入都過淮拜遺像加以識語不知鳴玉何官今尙存祠中

史朝宜字直夫號方齋晉江人嘉靖癸丑進士知山陽縣山陽南畿劇邑漕督坐鎮其地諸監稅及使者弭節相望朝宜辦供億量價程物民不重困時倭寇徧浙山陽近海朝宜防守甚固邑田多荒賦額復廣朝宜借官帑遣羅江南湖北不以聞上官歲減賦數萬巡撫陳儒薦治行第一擢南京戶部主事終湖廣右布政使見福建通志二百之三原志只注嘉靖三十二年任此段宜補入庶不没其宦

續

隆慶間太守黃國華作士愛民淮人頗食其福性喜飲往往沈醉一日撫軍趙孔昭至淮國華往謁已醉矣跟蹌堂下口不能言撫軍素知其喜飲大怒揮之出將奏劾之次日府學生梁兆明長跪轅門撫軍招問其故因言知府善政多端雖飲實無妨於政撫軍愈怒曰豈一秀才輒敢保留知府耶兆明復從容言其宜民數事撫軍擲座上筆命之作文題爲治道去其太甚兆明援筆立就撫軍歎賞曰看爾文字姑寬守罰兆明甫至家太守即踵門稱謝兆明閉門不相見嗣是亦絕不以一事相干 山陽志遺兆明原志有傳不及此詳

萬歷七年三月十八日申時大雷雨黃浦舊決口南岸平地穴深丈餘方廣二十八丈內遺骨甚多居民郭松屋後遺一物如馬首堅實如石揚州府同知韓相驗視舐之黏舌有郭三者得其脛骨並齒角等悉舁送郡總河都御史潘季馴巡撫侍郎江一麟聞于朝先是黃浦被決為蛟龍所據遇陰雨即聞聲如雞啼是月十二日決口塞遂以五日後蜺去太倉王世貞為作蜺龍亭記山陽志遺

郡國利病書范家口去新城北門外長淮大堤七里萬歷十三年五月十九日夜半淮水溢決口驟開二三里衝聯城東旱門汪二埧平地水深七尺堤內成湖長二十餘里

原載太畧又訛爲十四年事志遺作十三年與利病書同淮俗從來儉朴士大夫夏一葛冬一裘徒步而行自金公銑官廣信郡守歸其體豐碩不能徒行始用兩人肩輿後皆效之風不古矣萬歷間司徒邱震岡先生復砥柱之一藍紬衣終年不易其拜謁當事命一老僕將帶盒套于項冠帽則用巾箱籠之與秀才儒巾無異至拜東同輩則用眷生前輩則晚生同鄉則用鄉侍生同年則用年生近則逝乘四轎夏則輕紗爲帷冬則細絨作幔一轎之費半中人之產寒士初登科第何從辦此不論親疏貴賤一概眷社盟弟今因有禁則眷弟矣此馮仲雨先生閒園志遺所

言百餘年前事也今則奢侈之習不在薦紳而在商賈耕讀之家日益窮困有鄉先生出門不能得一僕者視明季又大異矣 山陽志遺

丁如皋字廷欽萬歷戊午舉人由德興令升淮安通判以興利除害爲務淮民謠曰片紙不到堂一錢不入蠹見處州志據此是丁亦吾郡名宦當補入名下 卷五職官一第二十九葉

崇禎二年三月舊城北門每夜聞婦人聲云有錢莫蓋屋有米莫煮粥謹防三月二十六纔以哭泣如是旬餘審視則無人至期亦無所驗 山陽志遺

十七年正月朔大風飄街市中對面不相見占曰風從乾

起主國有大兵（山陽志遺）

三月山東總兵劉澤清至淮安東守將邱磊截其家口輜重數日得還（府志引青燐屑）十月殺邱磊澤清報怨也（府志）

毛西河集稱淮人嫁娶用大禹辛壬癸甲四日作四日吟云只盼辛癸至圖作千年歡何悟別離此只在四日問此國朝初時有此俗今則無之也（茶餘客話）

吳安邦貌古性朴與張應錫善相遇必飲酒言志迭為賓主歡呼竟日七十餘卒沛閣古古序其七十曰三十年為孝子十年為嚴父二十年為田間老人過此為人瑞合生平為酒星可為實錄矣（天啟府志）

國朝順治四年淮安土賊張華山攻據廟灣東華錄 按廟灣鎮在縣治東北境雍正十年始入阜甯

徐秉衡字君平欲人家於吳性至孝慷慨有大志好義任俠隱居不仕少秉朗鑒論秦漢以來道學淵源以及工器弄物靡不有條貫爲當時典刑辛巳以後按爲崇禎十四年嘗往來淮陰居新城之東門與萬壽祺善壽祺爲沙門於普應寺寺在浦西去君平家三十五里丙戌丁亥之間按爲順治三四兩年君平嘗策杖過衡門斜日沈巷輒痛飲酒盡繼之以痛哭節錄萬壽祺贈徐高士書册

淮安向無試院勝國時多就試泰州故明末國初淮人詩

集中多有游海陵光孝寺登岳王土山詩至順治初始就
中察院改爲考棚何由就試泰州淮揚兩志亦無可考
康熙己酉八年蕭山進士邵士令山陽蔡殿撰啟傳計偕過
淮以鄉人往拜邵批其刺曰查明回報蔡怒大詈而去邵
令亦不之理明年蔡及第以扇寄詩與邵曰去年風雪上
長安驛路誰憐范叔寒寄語山陽賢令尹查明須向榜頭
看搆隙甚深後劉評事始恢爲解紛其釁乃釋　茶餘客話　按原志職官邵士作邵土誤
康熙二十年辛酉五月廿七日淮安大雨五晝夜河決數
處犯郡城溺死人畜無數知府曹君按名嗣爵取府大堂鎮淮

屙投之河水稍退三岡識畧

二十三年十月　皇上南巡

二十八年　皇上南巡閱視南河

三十八年　皇上南巡三月壬申駐蹕

三十九年七月六日夜三更後洪澤湖大風雨雷電發屋拔木是時督高堰工大臣如少宰王顓庵掞司農田蒙齋雯王公垂紳及江南督撫諸公皆避匿岸下土穴中質明見十二龍鬬色皆靑鱗鬣畢現至七夕入夜始罷阮亭居易錄詳紀之茶餘客話

四十二年　皇上南巡至淮安山陽原任布政司參政

劉謙吉於淮上迎鑾年八十一矣 上書雪作鬚眉四字

賜之謙吉摹勒於石因自號雪作老人今橫額嵌東門小

校場地藏庵屋壁跡蹟餘話之餘

四十四年 皇上南巡三月癸卯駐蹕四月回鑾幸高

加堰閱河隄

四十六年 皇上南巡二月丁未駐蹕

毛西河集有楊氏澹園雅集聯句詩小引云客淮者與淮之君子臘月游澹園亭臺雅勝友朋融好遂共聯長律以紀云云作者九人大可外爲黄世貴剣知戴金龍質童衍蕃徵張祁焯雲子蔡爾趾子構施有光爾賓周鏻喬嶽劉

漢中勃安每人五言二韻乾隆志載之原志刪去以大可之博雅而諸子能與之游處觴咏文采輝映已見一斑不可令其湮沒按八人中名最高者爲張毅文太史（初名詠煒後改鴻烈）次則劉蔡周俱官司訓施官涇州至章藏黃三君後生幾不能舉其姓氏只此詩斷句存大可集中大可別有別藏大金黃大世貴詩太史公謂非附青雲之士烏能施於後世信然澹園在大溝巷本周天飛提學別業獨於楊後歸丁氏道咸間尚可游覽今鞠爲茂草久矣（跰躚餘話）

袁子藉茂才昌齡家有雍正七年（己酉）十一月十二日山陽縣蔡（按縣志名璠）給發鐵銅執照中云欽奉諭旨禁用一切黃

銅器具令其交官領價遵照部秤部價分別生熟秤明觔重給發計銅三十六斤領足價銀三兩七錢五分九釐八毫五忽五微考東華錄雍正四年因錢價昂貴除三品以上官員准用銅器餘人定限三年將所有報官給價違者治罪蓋卽此時事今之見此紙者鮮矣

汪銓江甯人雍正間漕標千總漕帥長白顧琮奇其才試以事皆辦淮安運丁輪養軍犯犯凶暴運丁苦之銓議歸驛當差患得息同治上江縣志耆舊

靳文襄輔治南河創議開車邏十字河奇計聳聽其詞甚辯廷議亦不能駁　敕下督撫河漕諸臣會議時督臣董

默菴訥撫臣爲田山薑雯皆山東人漕臣則慕天顏恐知其不便而靳公之勢方張諸公懾其氣餒河道利害雖片言而折各有憂色有山陽鄒公子者豪華喜結納公卿其先人桐崖先生曾提學齊魯與田公有舊聞其至淮挐舟迎之家人見官舫至投刺延入則董公也公子大窘踢蹐不安遂以實告董詢其家世喜曰吾固辱桐崖先生相知即舟中命酒相欵倚文殊洽公子心稍定漸露豪氣談論風生因及開河事公子習聞人言亦稱此舉不便于民董公欲得不便實狀公子不能答請退而質之鄉先生旣歸袖白金三百詣徐上舍北山北山固才士而以刀筆稱公

子撥金具迹制府意北山尋思良久曰是易易耳然終不言公子起立解所佩玉帶擲案曰事急矣請以是物潤筆即子夜屬稿北山笑曰是奚煩吾筆墨爲吾聞開河之說起道路洶洶數月以來赴河臣呈詞告不便者七千餘人公子誠能得人至其幕下攫其摘由號簿殃民百狀一一具在簿有河臣篆記非可狡卸不便之大莫詳於此奚煩屬稿公子即遣黠奴通幕友家僮陰竊印簿至攜致董公公一見大笑曰是不須口舌爭矣次日會議郡庠尊經閣下見演劇鳴鳳記一齣唱至烈烈轟轟做一場董公拍案大笑點首自唱烈烈轟轟做一場四座瞪目愕眙將升行

酒者相視失色宴罷屬官持疏稿請畫押靳公左右指唱曰若懸河漕撫諸臣無以難之董公徐置疏搖首曰紙上空談奈于民大不便吾不忍欺吾君出袖中號簿擲向靳公曰是千餘人呼號痛哭之聲胡不並入疏稿耶靳公取閱色變不能發一語急登輿回署而車邏十字河之議始息茶餘客話　按當時並令淮揚京官公議具奏列名者凡十一人奏畧已見山陽藝文志卷四

汪文端公爲阮先生修凝齋集序云先是吾淮劉紫涵與方侍郎友善善爲古文按紫涵名永禎原志坿祖昌言傳文端稱其善爲古文當必確有所見而今無一字之存可惜也

許謹齋給諫（名志進康熙辛未進士）好聚古器得漢瓦壺色比今鐃甃稍青欵識云綏和元年湯官王昌鍊黃塗壺容若干斤重亦如之主守護掾云凡三十五字字不盡可辨葢漢者成時物也

城東楊氏住水巷口康熙末年因治屋掘地得一小石碑長尺餘有字云□□宮旁一行云臣程知節奉勅監造字畫類顏柳（見茶餘客話）

雍正四年夏四月王澍過淮訪邊頤公留飲酒既酣掉小舟出珠湖仰見天際白雲如竹可數十百竿枝葉根柯皆具下有微雲數片狀若怪石隱現斷續良久不變儼然畫

圖停船玩視不忍舍去坐客沈鳳字凡民善畫工篆刻為刻竹雲小
印越二年鳳過澍九龍山齋復作竹雲圖澍題跋於後王澍
虛舟題跋

乾隆十七年壬申　皇太后萬壽恩科春鄉秋會山陽王士
溥兩登春秋榜肄雅錄名下注云壬申連中亦此書之創
例也他書多注壬申甲戌誤趼避餘話

任瑗服膺朱子鄉里稱為鉅儒初從鄒增遊入都飫聞李
鍇顧禔緒論及侍父宗延官閩聘魯顗與偕四人皆理學
巨子也人以瑗之學得於師友者居多而實宗延有以導
之考福建通志壇廟志道南祠在城北龍山巔祀楊時以

羅從彥李侗配康熙五十七年督學李鍾峩知府任宗延捐建朱子祠在道南祠左康熙五十七年督學李鍾峩知府任宗延捐建又道南書院在府治東康熙五十八年督學李鍾峩知府任宗延改建紫芝嶺上即府學文昌閣舊址二年之間崇祠講院鋭意興復可見於程朱之學極力表章楊開沅亦有書與之求彙刻朱子全書見景姚山房全集其遂於宋學可知福建通志既不爲立傳而山陽志只舉其仕蹟及歸田後整頓公事無一語及其學術何也任瑗六有軒集有代父作道南書院記

平橋巨富林氏有林百萬之名乾隆壬午二十七年南巡回鑾

過平橋富民林秉直字紫垣備行宮供張華麗　純廟駐蹕於其中賦詩有夕泊平河渡夜宴商家林之句隨賞秉直道銜換三品頂戴並賜福字及懋乃嘉猷額子大本字立齋官雲南大理府升鹽運使以解鉛銅賠累鬻田以償家由是中落順治壬辰進士林文僑郎其宗人文僑字汝杰吏部主事未補缺没於都

吳覲光字揚祖康熙癸巳舉人嘗署廣東和平縣有德政勒石署門乾隆丙子清河王永熙攝和平篆親見之見志遺附記

張穀文太史鴻烈初名祁煒字雲子淮人集中多與張大

雲子酬唱之作江蘇詩徵毅文外別選雲子詩一首只云山陽人而不詳其家世丁氏山陽詩徵范氏淮壖小記因之賓則毅文雲子卽是一人蔣楷天涯詩鈔有贈張雲子今字毅文臘月十四日生日詩張養重曲江樓詩選序毅文別字雲子方弱冠云云蓋雲子從祁字生情毅文與烈字闕合世人不加考察遂判毅文雲子爲二疏矣牛人項記

木刻聖蹟圖三十八版前有額後有顧友芳跋中爲三十六圖自始生至升遐每幅詳記事實向庋縣學尊經閣據顧跋青浦城北有孔子衣冠墓墓側有廟壁嵌此圖四明張楷所鐫其孫九德來守雲閒重勒嵌壁康熙中友芳知

青浦縣復屬陳尹字莘野青浦人善畫人物重鐫三載始成友芳一字
佩香宛平人何由攜至淮上庋置縣庠俾與金石等壽其
詳不可得聞已今尚藏閣中

張超字雄飛號潛人雍正癸卯武舉乾隆縣志修成紺於
貲未梓超捐八百金藏其事又嘗創建張公祠祀宋死事
臣張孝忠畀其後人世守之超與父文祥均好施原志已附見李超玠傳內此二事未
書不能改列
姑系於此

書院山長一席自大府徇請託涖此者或人望未孚賢士
以慕羶爲恥故李晴珊名道南江都進士之去也肄業生楊登高
陳師濂汪廷珍同日辭內課出院俞念齋名閎甲烏程進士之耑

也阮鍾瑗棄內課出院後陽湖管公覲風廣搜知名士聞
山長爲某孝廉士論大駭潘宗睿阮鍾瑗屠璜同日棄內
課去此皆麗正書院佳話信今錄
禹懷珠性嚴正客授自給衣冠偉異阮鍾瑗修凝齋集喜
禹旭亭見過云大杖高於頂身長面削瓜入門無別語貧
病近交加只二十字乃使老輩鬚眉畢現
乾嘉間車橋鎮居民卞萬樓以屯積糞土爲業里有無賴
樊氏子嘗寅夜竊糞於卞氏萬樓素健壯偵之無賴至突
起擊以木杖中要害死樊氏訟諸官其弟萬鍾甫成童謂
母曰兒幼弱不足以苦力養母今兄不幸斃人命設議抵

母將奈何兒請代之兒猶可贖吾母也竟赴官冒認以誤斃人命論罪謫戍遼陽之長安縣萬鍾聘妻魯氏年十四其母欲令改適女曰已字卞氏矣願與俱戍乃偕赴遼陽後十年歸理舊業以壽終

道光間耳鳴山人周寅以書雄於時咸豐初江南兵燹涇包愼伯世臣流轉至淮以其用筆之法號召後進淮人士翕然從之謂之包體吳璸後易丙爐楊步洲皆受業於門吳世居岔河鎮家素封包沒後爲重刊藝舟雙楫六卷較釋碧溪所刊者多至倍蓰然亦微有刪薙末有邵生碣文張侚平傳邵生名式穀字子艮張名秉衡俱山陽人從包學書

而皆蚤死後惟潘慰祖規摹北碑有時名慰祖字漢泉諸生互見人物

道光甲申冬淇澤湖決南昌萬廉山太守承紀於高堰泥淤中得五銖泉范一枚長七八寸餘濶二寸厚四分兩柱中分其柄則相合錢樣十有二枚左右各六有五銖字皆凹且反文有面無幕銅質精好叩之琅然疑此止半耳鎮洋盛學師大士欲之以宋槧何書相易萬不許萬没此物隨歸裝去今拓本載盛所撰泉史中

汪文端公長孫承佑佚其字道光甲申四年以館書告成特賞舉人用主事分部行走充軍機章京人頗有才因占對頻

數近於攬權爲時相所斥鬱鬱成疾遂以不起年方二十餘跰躚餘話之餘

陽湖李大令兆洛女弟適路同戊工刺繡曾手繡觀音像暨大悲咒册祝阿兄五十初度時嘉慶戊寅二十三年後有大令跋不知何以輾轉傳入江陰縣文川署中道光乙巳二十五年文調署山陽甫七日病卒其家遂施送海會菴供奉今尙藏菴中同上

趙康州墓在治東三里塘原志據舊志云今不可識按邑人秦友白聽湖書舍詩草出東門吟云攜手出東門落日西山暮纍纍冢萬餘荊棘塞道路回望空徘徊涼風吹古

樹沿河曲折流上有華表竪松柏已成園闋然令人懼翁仲悄無言咿唔走狐兔不知誰家墳歎息空郤步忽覩斷碑存剝蝕將欲仆手摹苔蘚文猜詳分字句爵里與姓名一一讀未誤有宋至中年趙公潛叔墓當年剌康州儂賊東方渡殘兵三百人孤城難爲固罵賊盡孤忠殺身畧不顧讀罷我公碑令我中心慕起拜不能言恍與我公晤回首晚烟浮應有神呵護友白道光中諸生據此詩知趙墓見在今去道光時不百年似尚不至平毀安得有好事慕古之君子爲訪求而封樹之跰躃餘話之餘

道光二十八年夏運河水漲東岸五壩齊開東南鄉大水

九月揚河廳汎地七顆柳地方隄決旋塞見景袁齋筆記又云志載運河決淸水潭東鄉大水誤

咸豐初年法國設天主教堂於小高皮巷

二年春旱涇溪澗市諸河皆涸見澂六齋集借水記

夏五月十二日薄暮大風挾紅光起自西南湖濱向東北行雷電交作雨雹大如雞卵小如彈丸涇河平橋馬涵洞于家灣羊腸集三官殿車家河涇口皆當風之衝毀屋壓人甚多溪河一船泊隄下被風吹落二里外秧田中篷桅篙櫓無損估客榜人仍團聚如故河沿上牛車篷吹置大樹頭如長人戴笠狀澂六齋集風變記

七年春大饑
同治元年正月皖捻李成李大喜義子糾衆東下二月六日度
鹽河犯清江浦山陽戒嚴城門晝閉板閘居人盡逃十一
日賊馬分竄東坎二十三日犯車橋襲鎮軍耀倫王副將
萬清袁副將師功陳遊戎國瑞率兵至國瑞出戰大捷次
日賊繞涇口關復犯車橋國瑞整隊前耀倫力沮之而賊
遂大逞先是耀倫等至車橋縱兵大掠居人避之一市爲
空怨兵同於怨賊也至是德國瑞而怨耀倫次骨賊再竄
東坎東坎練兵迎擊之折回車橋以下之潘家社居民投
水死者甚衆二十六日國瑞連破賊壘賊北竄三月初八

日賊闌入成子河至湖灘初九日竄順清河清江浦集兵民守圍圍南火光連綿二十里入山陽境初十日賊掠汊河山陽滸直抵楊家廟焚殺不可勝計十一日賊竄平橋沿西岸行南窺寶應東岸鄉團發烏槍斃賊魁二國瑞督兵至截殺百餘人生擒五人十二日十三日連勝賊於平橋殺賊數千十五日賊困於寶應湖傷亡幾半由泥淖中竄回武家墩國瑞追擊之賊退出成子河是役也國瑞敗賊於湖壖而於隄頭扼其歸路漕督吳棠飭羅倫紮營運河東岸防賊東渡羅倫至欲決河以灌之有止之者曰長河斷流則賊處處可渡是君濟賊也乃止居一日徧搜居

民得雞鴨羊豕還郡時有不打長毛打扁毛之謠吳公聞其退也怒復飭使去適國瑞大捷賊棄牛馬徧河岸糴倫麾軍攖之急走歸浦冒國瑞功以勝報見敝六山房札記按是年清河吳部郎昆山殉與團練之役禦賊於錢家集故所記特詳節錄之以補原志所未及

二年夏五月淮安新城掘得銅方印篆文移相哥大王印六字皆錯蒙古書不可識可識者之寶二字考元史宗室表有移相哥大王係烈祖之裔孫也頤志齋叢書

六年夏六月大疫

十二年螟災田禾白蓩自此稍旱即有之

十三年五月雨至十月大大水薦饑府志

道州何子貞紹基於廠肆得古文尚書疏證五卷寫本後有潛邱自跋云五十三歲屬閩中謝君畫禮堂寫定及傳與其人二圖秀眉明目觀者咸以爲康成不知實以余像代之東洲草堂集

今射陽湖九里一千墩有高阜名交嶺土人每掘出瓦餅大小不一形色亦不同質粗而堅色暗而古皆大腹小口或云韓侯木罌瓶然其狀雖合而侯用兵遠在夏陽不在此地考宋史岳飛傳言徽宗詔同張俊往楚州總韓世忠軍至楚州俊欲與岳分韓背嵬軍云云是此餅乃韓蘄王在楚州軍中所背之嵬故稱韓餅耳梅騈馬殷曾駐兵

小河口其地嘗掘出瓦餅稱梅駙馬餅亦是軍持之類淮壖小記

光緒二年妖人剪紙爲人剪人髮始於鄉鎮久而城市亦有之譌言日起浦上獲數人立置諸法譌亦止夏大旱蝗府志　按淸河縣志光緒二年傳言九龍山妖僧剪紙爲人能入人家斷辮髮或割童子勢若婦人乳者初由江以南蔓延而北夏六月天大旱秋禾焦枯淸江浦訛言四起城鄉居民一夕數驚皆云辮髮落者期百日死又有紙作虎若蝗狀百態怖擾能與人健鬬或誤擊取覩之人長五六寸許蝗虎皆大如斗則爲紙如故已而他紙人復來城中亡辮髮者日數人鄉堡亦然乃帖符咒繪怪物以厭勝之厭勝至遍闤市矣弗能禁也漕督文彬公嚴命蹤跡剪紙者得數人皆邑中貧丐無賴爲之者問以故曰九龍山入使我爲此以錢購我不知其他遂寘諸法妖人稍稍斂迹矣此記較詳附識之

九年三月山東齊匪王古佛名養浩煽亂擾海沭安桃等處淸河山陽均震動居民有遷徙者官兵嚴捕獲其子誅之古佛遁

是年法人陷雞籠逼海戒嚴漕督楊昌濬調駐山陽營兵五百人出防黃河灘以副將王顯發統之名精兵營

十年漕督譚鈞培撥銀二千兩重砌文渠溝牆詳水利牆面需用蓋石或言河北程公橋東約半里許有地名校河係古黃河隄已無河形中多廢石飭工挖深五尺許近南一面果見石牆刨起不少舁之入城亦甚濟用旋以河下人出阻而止校河揣因校皋得名較近人所題校里古雅多

矣
十三年秋八月河南鄭州黃河決下游千百里地人心惶恐邑之富室多有艤舟以待者次年春三月傳言鄭州水將至西城積土備患四月謠始息
十五年三四月間西南鄉每夕見燈火千百聚散無定居民驚疑銃擊不懼就視則無擾攘月餘乃已
十六年鎮江商人某設局西門外通行運河輪船板閘河下二堡平橋涇河黃浦設分局
十七年夏四月旱漕督松椿派員赴直隸省邯鄲縣呂祖廟龍井請明成化年祈雨鐵牌馳驛返果得雨以播種忩

期秋歉收

十八年夏旱蝗

鹽河北老人杜春華光緒十九年年百歲子永興年八十二孫一曾孫數人家不豐子孫能養志日以百錢供老人入市之需里人稟漕督松椿獎以額曰仙洞同春外賜朱提十金袍料一事是年秋病没

二十一年春江督張之洞以日本兵艦遊弋海州口外飭近海各州縣整頓團練太守張球邑令程鑫就二郎廟招集團勇二百人以通判姚紀衡領之

夏六月癟螺痧時疫盛行

二十二年徐海十八圍大刀會匪作亂漕督松椿調山陽營兵助剿平之

是年南鄉高馬橋匪僧眼歎與崔河匪首朱大柏結合擄人勒贖稍戴不與則死之報命案者踵相接漕督松椿飭營縣嚴緝城守營參將歐陽成松偵知大柏巢穴率兵往擒之送淸江浦正法餘黨潰散

二十三年夏淫雨傷稼

二十四年三月朔大雨雹

二十五年二月風霾五日　九月郵傳部設郵政局於邑土地祠西

二十六年夏四月京都義和團事起　兩宮出狩西安

召勤王軍李秉衡率師由長江入運河水陸兼進紀律不嚴沿途騷擾城鄉莠民乘間思逞五月二十七日縣署前有義和團布告人心益恐太守許寶書邑令李明垣就海會庵設團練局四門設分局招勇五百名以都司周遐年管帶之餉紬勸紳富捐貲協助漕督松椿復調營兵四百名令遊擊閻兆祥帶兵五十名分巡河下鎮守備黃贊恩帶兵五十名分巡東南鄉遊擊馬長華帶兵一百名分巡西南鄉

七月崔河匪首劉必高聚三百人將舉事犯車橋邑令李

明烜往捕獲匪四人毀賊巢必高遁去閏八月必高在鎮江就擒械至淮寘於法

郡庠元鑄祭器春秋兩丁取出備用祭事畢庋於尊經閣上木櫥中銅質精美款識俱陽文凸出其目備載於丁氏元鑄祭器錄范氏淮流一勺淮壖小記諸書光緒二十八年壬寅七月二十五日夜尊經閣火諸器悉毀然應鎔化成餅乃杳無蹤跡司祭者不復追求餘人皆局外羣相詫怪而已後有見舊銅爵於揚州市上者

二十九年三月郵傳部設電報局於府署東茶廳

閏五月城鎮商店憤房捐苛斂罷市四日先是二十八年

四月省委陸大令景澄赴山陽辦理房捐景澄武健嚴酷商人以欵出自房主悉捩質以報七月改爲主客各半商人悔之憤無可洩今年春麥歉收業劇財匱積欠捐欵是時景澄爲府署讞員與縣幕范春圃議率役沿門催繳不應則縲絏從之河下鎮收捐吏役尤强横有攫商人衣物或雞豚計錢抵償而故低其值者商人愈憤十一日聚衆數百人入城號召罷市十二日相約至府署求減免太守張慶勛得景澄先入之言怒責商民八人觀者交鬨適閩漕督陸公元鼎馳檄至人心略平陸公舊令山陽有惠政得報檄令太守安爲安撫淮揚道沈瑜慶受陸命來撫慰

十三日太守迎至河下衆毁太守輿士紳勸衆少安不聽閉市如故人情洶洶旋擣毁陸范二家金珠翠玉棄擲遍衢不可勝計次日沈公徒步入城反覆勸導復飭縣令孫毓齡提交陸景澄范春副及差役高林蔡景等到案候懲陸范伺隙潛逃乃撤孫令任以汪詠沂代之酌改捐章其事始寢味靜齋文集

三十一年美國林嘉美設福音堂於西門大街嗣於西長街分設醫院

三十二年初夏霪雨累月運河水溢東隄數十里俱搶險城内積潦盈尺居民病涉一日數驚或謂頭涵洞裂或謂

山東河南水南下訛言四起人益惶悚設保隄局於三皇廟六月寶應城北二里西岸決水溲十月設局篆香樓振飢萬民蟻聚黠者肇釁毀局未終事而罷十二月改就四鄉攤振

三十三年徐海水荒災及安桃飢民就食江南道殣相望美國醫院林亨理與邑人議設山陽義賑扶持所于東門外田功祠留養婦孺有疾病者日給饘粥湯藥死則予以槥入心感動助錢米者日多自二月迄五月杪以麥熟遣散核遠近給川資餱糧鬻兒女者贖還之其費二千餘金活災民六百餘口司其事者十餘人惟張鴻翥司醫藥染

疫較重病死鴻翥字玉齋振起次子年甫三十餘

宣統元年三月初六日三台閣災閣爲奎光亭舊址閣後地稍窪卽古之躍龍池乾隆己卯阮太史大脩兩岸並建是閣易今名貯府縣志版於中嘉慶乙亥二十年寺僧失愼閣燹志版全燬其年邑人募捐重建至是又被燬

二年秋南門子城圮壓斃五人傷者十二人　除夕大雷雨

長湖墾殖公司湖南庶吉士曹典初安徽知州鮑友恪等於宣統二年創辦在邑西南白馬湖泰字鄉太平圩之東北隅購地水荒六區旱荒六區後又逐漸推廣墾成兩圩

熟田共逾萬畝築堤五石洞一塘一渠二溝十三建屋三所四圍環水中通數橋北樓瞭望南樓爲田祖祠暨水土神祠餘屋囤貯穀粟隙地植中外花木以供暇時娛玩又督佃種棉飼蠶去墾務處里餘招徠聚處興築成市設織布工廠製繭工廠罐頭製造所數處又設農墾講習所及農家識字學塾河曰豐潤集曰豐做教養生聚亦振興農業之創舉也該公司並刊有墾殖公司一覽及實地測量圖佃農自治規約第一次報告書各種

三年正月朔霜被地如雪二十五日地震

【光緒】丙子清河縣志

（清）胡裕燕修　（清）吴昆田、魯蕡纂

清光緒五年（1879）刻本

許蝶虎皆大如斗則爲紙如故已而他紙人復來城中亡辮髮者日數人鄉堡亦然乃帖符呪詭怪物以厭勝之厭勝至徧闤市矣弗能禁也漕督文彬公嚴命蹤跡翦紙者得數人皆邑中貧丐無賴爲之者問以故曰九龍山人使我爲此以錢購我不知其他遂置諸法妖人稍稍斂迹矣而時苦旱北甚先是同治十三年邑大水制軍振粥以食饑民至是冬十月漕督復謀於制軍沈公葆楨撥貲錮俸踵前政分設十數廠於清江浦之東活者近數萬人民心乃定按自咸豐志後錮振缺而不載故此附之雜記之末

附祥祲凡黃淮決溢已入川瀆者不載

宋乾道五年夏秋淮東旱盱眙淮陰爲甚五行志淳熙十五年雨自五月至六月清河口溢見葉水心集

元至元十三年漣海清河以水旱缺食振軍民站戶米粟鈔世祖紀十九年七月淮安清河縣飛蝗蔽天自西北來凡經七日禾稼俱盡五行志至治元年七月淮安清河山陽等縣水同前泰定三年廬州鬱林州及洪澤屯田旱兗租泰定帝紀

明宏治十四年四月徐州清河桃源宿遷雨雹平地五寸夏麥盡爛五行志正德六年元日雷雨大作日酷炎如暑四月有流賊之變見乾隆志十二月清河口至柳鋪黃河

湧三日武宗紀十二年大水以下皆乾隆志嘉靖二年疫大饑積
尸載道人相食　八年黃河湧五日自河口至於劉伶
臺　十八年七月二日大風晝晦　三十六年四月朔
天鼓鳴是年倭賊入境焚掠　萬歷二年七月二十四
日大風拔木徹屋河淮並溢漂官民廬舍溺死男婦無
算　十年七月河漲　十八年五月大風雨淮漲禾麥
盡爛　十九年自五月雨至七月不止淮漲平地深丈
餘漂溺人畜　二十二年黃河湧百餘日　三十五年
春大旱五月大雨雹黃淮並漲　四十年元日大雪深
數尺　天啓元年五月霪雨河淮交溢水入縣治舟行

於市　四年正月火壞居民廬屋數百家　崇禎十年
麥三岐
國朝順治六年春境內多狼白日羣行荒澤中夏大雨
七年夏大雨　八年夏大雨禾麥淹沒穀賈騰貴
九年秋七月有大石浮於河色黑而赭舟人以梃擊之
有聲硜然　十年冬大雨雪四十餘日烈風沍寒野鳥
僵死　十三年有虎見於東村　十五年冬十月大雷
雨河淮交漲　十六年秋不雨桃李華邑有兵亂冬十
一月龍見隕霜不殺草十二月雷電　十七年夏四月
壬寅大雨雹深數寸大者如斗殺禾麥俱盡　十八年

大疫　康熙三年七月霪雨驟風壞官民廬舍甚衆
五年夏五月大雨雹形長如碓深數寸殺禾麥　六年
夏蝗食草根略盡赤地百里河水尋溢　七年六月甲
中地震崩塌官私房舍人則壓死次口又震越日又震
冬十月隕霜不殺草蟄蟲不藏穀粟再秀　九年五
月永興鎮大風雨火光著人如熱　十二月河水溢冰
劇居民廬舍林木無算　十年秋九月梅李華霜降而
雷　十一年大風　十三年正月戊寅大雷雹恒雨害
稼疫氣流行　十四年閏月戊申大風拔樹徹屋　十
六年大雨無麥　十七年旱　十八年旱蝗　十九年

蝗蝻雨繼作　二十年十二月無冰雨雪雷電　二十二年四月黃霜害麥五月庚申大雨雹雹雨至八月不止秋禾盡沒　二十三年正月雨水蒸濕如夏甲戌大風震雹雨雹而雪恆陰冱寒夏大暑人多暍死田鼠巢於稼秋雹雨禾稼不登　二十四年大雨水　二十七年夏大雨水中河漲漂溺人畜　三十三年淮河並溢　三十五年大水書院察院皆圮　四十一年中河溢入縣治四十餘日居民附隄而居　四十八年大饑冬十月星隕雞家荒化爲石　五十八年大水無麥　雍正二年大風拔民屋　四年冬十二月癸酉黃河清凡

八日　六年麥有兩岐冬十月桃有華　八年六月恒
雨河湖交溢　十年二月雨豆其色黑其味苦　乾隆
三年夏大旱蝗　七年雨水傷麥　八年春大饑　十
二年七月大風拔木　十三年四月大風雨學宮倉儲
圮　十四年秋恒雨六塘河包家河俱溢乾隆志止此咸豐志撮而錄之後緣案牘不具無可搜載今仍其舊自咸豐志以後水旱凶荒耳目所接者續紀下方　咸豐六
年夏大旱　七年春大饑斗米千錢秋九月淸江浦運
河竭閘上下可徒行者數日冬十月運河流一巨蛇盤
水中首昂立如雞冠至閘口側而過隨流東下　九年
縣內竹有華而萎　十年春二月菜花開作蛇蝎狀或

形如戈戟是月捻逆入清江浦夏大雨水　同治五年夏大水　九年秋水　十三年雨自五月至於十月不止大水洊饑人民流離　光緒元年夏無麥　二年夏大旱飛蝗蔽天蝝生食禾苗幾盡秋七月隕霜九月微雪復大旱

【民國】續纂清河縣志

劉耘壽等修　范冕纂

民國十七年(1928)刻本

雜記

淮陰侯有後說見張大齡支離漫語後有大理寺司務趙時揖言其鄉人吳思穆順治中爲粵西縣令巡行山峽間見少年將軍廟像英風雅概敬而拜之命工修飾其堂廡即有土官率宗族百餘人稽首稱謝云神即淮陰侯子因蕭相國託孤於南海尉趙佗佗封之於此子孫繁衍自漢至今不絕因舉相國與趙佗書及佗所賜勅諭以示吳其說與大齡合邑按謂山陽檢討張鴻烈官京師遇海澄余編修梅洲亦言韓侯之後韋土官在廣西

地方與廣東接壤云見乾隆府志山陽潘叔明有韓侯有後詩不具錄

韓侯死後不知窀穸何處山西靈石縣有韓侯嶺嶺上有墓墓上有碑康熙庚午王學士頊齡自陜西典試回經侯墓下有詩云曾從淮市贈遺廟又向汾山拜古邱伏袴不妨容惡少比肩偏是恥樊侯藏弓烹狗誠何恨食酇封留亦已休惟有墓前三尺碣冷風淒雨自千秋淮安崔國屏遊西安聞城東七八里有韓侯墓甚大親往拜之是又一墓矣見乾隆府志

舊傳洪澤村在洪澤湖濱有高艮淵守汛者於康熙辛巳年五月二十日見西南風驟起甚雨隨之湖水山立

至申刻雨霽虹見於東返照入湖有若帆檣無數環水如城亘十餘里問之土人云此洪澤村也頃歲尚有居民五十家以避水徙去水漫其上者二尺意水落而村出耳踰年河防使者張公命汛員剌船往探還報東西街道舊有千餘家十五年水漲被淹沒今遺址僅沙灘一線高尺餘長七十餘丈濶八九丈然則昔之所見即此地歟見乾隆府志

當陂湖漢富陂縣地光緒府志引明清河志云舊有滿通淮今在治南隆慶以來淮水貫其中漁船大小百餘隻每歲納科以備魚油翎膘之稅科額甚微而湖村十

倍知府薛斌復改科於里甲辦納招徠流亡聽民采獲爲利甚溥明代以降塘堰不修潰淮並貫遂與萬家泥墩諸湖滙洪澤而爲一今高加堰西與城以南南極盱眙皆湖之故地邑人湯調鼎富陵湖市詩云漢武秦皇久劫灰那知湖市見蓬萊三山恍惚生鼇背百雉分明繞蜃胎水墨雲中林壑翠霏微烟景畫圖開地靈咫尺神仙島金掌何須接露臺

太平御覽所引晉書目有淮陰圖經經籍考有楚州圖經二卷陳振孫謂教授雲川吳莘商卿撰太守爲毘陵錢之望大受時康熙十三年一書今皆不可見見乾隆府志

歐陽修于役志宋景祐三年丙子歲六月丁巳次洪澤與劉春卿同年黃孝恭相遇始識大理寺丞李登裕洪

驛巡檢顏懷玉者錢思公在洛時故吏遂與四人夜飲五鼓罷明日食畢解舟以前晚入汴河乘月夜行向山陽

正統初黃河泛溢每水一斗其泥數升淮於淸口而爲洲者十餘里運舟不通有司奏上征數郡人疏濬久而弗集一夕衆見平江公擁騎從行水上若行工者然旦日沙徙水通運舟大利郡耆石士寧等以狀聞詔如江西韋丹故事賜祠額春秋祭享見郡國利病書

見正統志

吳縣潘耒劉貞婦詩序曰貞婦黃氏臨淮人故太史文燦之女孫許聘淮陰劉氏子未婚夫亡請奔喪不得遂成服於室無何聞有他議自投於樓不死居五年不釋服曰不歸劉拜夫墓終不釋也舅姑

乃迴以來謁墓慟哭哀感行路　詩曰牛女何迢迢迢
迢河漢隔空名一以繫萬古終不易夙昔長深閨習禮
亦明詩許身配君子永願奉光儀兔絲託喬松自言上
霄漢未見彩鸞飛乍聽冰絃斷絃斷續無期悲來不自
知君看卷葹草未拔心先摧五載空房中淚痕未曾洗
空有壁攖心恨不偕前死一死可從夫他鄉有老姑她
今病在床湯藥誰將扶生存劉家兒死作劉家婦夫死
不奉姑九原爲相負秦淮水東下爲儂嗚咽流添淚向
江水一夜逝邪溝阿姑喚婦來披衣戚起坐恐兮姑念
兒名誤不敢聲入門拜姑嫜拜夫還出門我夫今何在
蕭蕭白楊原一拜心骨摧再拜肝腸絕蒼天若憐儂厚
地爲儂裂藝却墳頭草教君識妾顏妾顏不如此舊日
如花妍昔妍今已槁棄置勿復道收淚入寒閨養姑以
終老　按山陽縣志烈女門知山陽縣黃文煥孫女係
下云許字邑人劉希賢未娶而希賢亡文煥亦卒母欲
奪女志不可久之乃歸於劉號擗斬衰如初喪時姑老
病女侍奉惟謹族人爲立嗣未幾姑亡嗣殤女無所依
倚一慟而絕所紀與詩序詳略互見惟載入烈女蓋序
從言夫故并喪奉姑終老志則因其一慟遂絕各紀其
大者無可疑也惟詩序明言淮陰而吾邑前志失載在

晉淮陰山陽分合不常載籍者偶爾疏漏事所恆有今據詩序補入而全錄潘詩以見晉德幽光不可終泯未入列女者仍存疑之意爾又按黃文煥爲永福進士崇禎中知山陽事纂山陽縣志後罷繢修去任坐鉤黨與黃石齋同下詔獄在獄中著陶詩析義蓋氣節之士固宜化狹閒門奇節著於再傳云

順治間德州李允禎字貞甫以工部郎官督清江廠船政廉潔自矢材美工良窮丁無力供造繫禁者盡釋之復建清江書院以造士見山陽阮葵生茶餘客話

康熙八年新城王文簡公士禎以船政同知榷清江廠革除陋規民感惠政建祠祀之按邑人蕭文業永慕廬集云明初舊用支運中葉改民運復用支運又改兌運於是淮徐臨清各有倉清江衛河各有廠其後倉兼四稅廠用抽分與淮安鈔關十里之間交征三榷入本朝始漸除之然猶三關各差監督康熙九年漕運總督帥顏保奏以倉蘇歸並淮

關而倉税歷抽額征未減漁洋山人以康熙八年榷淸江廠是文簡實爲淮關名宦

七修類稿載淮安淸江浦廠中草園地上有鐵錨數箇高八九尺小亦三四尺不知何年物相傳永樂間三保太監下海所造兩淋日炙無點髮之銹望之如銀鑄光澤予壬申在張灣城角亦見數具長皆丈餘見阮葵生茶餘客話

道光十年琉球入貢道出淸河縣正使耳目官一名都通官名相國璧副使正議大夫名王丕烈隨從數十人容貌衣冠略同中國言語亦無大異惟不辮髮耳本縣拜帖署云天朝文林郎知淸河縣事陶現午拜見邑人蔣階甦餘日記

按乾隆癸丑琉球入貢通事鄭文英道卒遂葬焉墓今在王家營詳古蹟

上元朱菊坨齡一號黃花道人工花卉客袁浦寓廣蔭庵一日醉後繪淸奇古怪四柏樹於殿壁頃刻而成往來觀者無不歎賞見墨林今話　按黃蔚茲己酉北行續草有菊坨廣蔭庵壁間畫柏歌今此畫已被剝矣

淸邑會文之所有雲林社張斯沆章兮勳范思學丁如玉王丹桂陳樟所創遵胡安定遺規講求樸學下及詞章制義月有課程文風蔚起嘉慶中丁錫湯兆謙王大經萬鑛龔鉞吳懋李承緒繼之道光中周子蕖張騰鶯劉金鏞李宗昃陳元熉王樸八程大奎汪璧增魏鴻寶文繼之咸豐十一年寇亂既平趙士駿孫步雲徐占鼇

朱碩李鵰翰程之垣萬以承吳璪重興文會猶有先輩之遺風焉至光緒十年後寖衰息矣

邑人藏書之富舊惟河北吳氏最後推郡城王氏吳氏書經捻亂都煨燼王氏以淸河人寄寓山陽壽萱郎中錫祺家承素封宅心墳典築小方壺齋儲書數萬卷日湛酣其中輯小方壺齋輿地叢鈔小方壺齋叢書續山陽詩徵都百數十萬言鐫鉛版行之小方壺齋之名幾與知不足齋粵雅堂埒未幾產業傾覆家人星散錫祺亦展轉客死今則夏屋渠渠鞠爲茂草縹緗蠹落收拾無人而鉛版以償貰寄質庫淮人因關係文獻醵貲回

隤然爲典商割去二十種非復完璧云按山陽段朝端有鉛板回瀾記

咸豐十年豫寇陷清江浦其事實敗於河督庚長桃源尹侍御耕雲請籌大局疏曰清淮爲東南七省咽喉關係大局其地運河貫其中黃河襟其北其西南三面濱湖如宿遷之歸仁集桃源之金鎖鎭清河之馬頭鎭天妃閘等處風檣迅利頃刻可通無論賊竄何方皆將直趨清河河督庚長數年以來未嘗眞養一兵練一勇所謂領地升科抽釐助餉等項盡爲劣員侵吞居民商賈敲骨吸髓士庶寒心軍民解體使賊竄清淮必棄之而走請將庚長罷斥篆務交袁甲三兼攝責其圖集水勇

控扼全湖調集馬步招練壯勇庶可稍捄於萬一疏入不省而庚長日與漕督聯英淮安關監督某優宴爲樂軍報狎至屬官匿不敢聞賊陷桃源方於普應寺之賓華堂演打桃園劇本也遂渡小橋逼清江始倉皇遁去而浦垣遂不守矣時人詠其事有句云銀花火樹春開宴鐵馬金戈夜渡河捻匪既陷清江飽掠回竄官兵詐稱克復失職之河督革職拿問朝議授吳勤惠公棠漕運總督移駐清河公乃厚集兵力時其訓練扼要分守先成外土圩次築甎圩最後建築城池捻三次猛撲公誓死捍禦卒能肅清淮北輿學廢墜清江浦遂屹爲重鎮

堅壁清野爲自古制流寇之策捻之初來也游騎馳突鮮不任其飽掠自縣治土圩既成四鄉相繼興築者數十寇之再至即不得逞

宿南通判沈鴻死咸豐庚申之難（見前志）山陽丁柘塘晏作沈四糊塗行以詠其事序曰庚申春正月晦逆捻犯清江浦河督奔至淮城賊大肆焚掠清桃即日失陷宿南沈通判獨不肯行懷印衣朝服坐待寇來箕踞罵曰我朝廷命官爾毛賊安敢犯我寇相與笑曰官皆變服逃走此必假官也沈探印示之罵不絕聲寇交刃支解羣寇競抛顱糜碎其尸其義烈如此沈山陰人道光辛卯

舉人時人所稱沈四糊塗也詩曰噫嘻乎袁浦之厄真糊塗上下相蒙燕巢幕天昏地壘皆愚夫軍需乾没入己橐援纓博塞耽樗蒱舞衣歌扇醉春宴銀花火樹恣歡娛逆氛豕突競鬬散官僚鼠竄齊奔遯窖金納賄積不已緘縢扃鐍齎盜胠昆岡玉石俱烈燄一朝化去飛青蚨大吏糊塗優戲劇羣吏糊塗釀錢禍鼎折餗覆一網盡三褫紫帶官爲豬噫嘻乎清江繡壤成焦土摧殘民命無孑餘孽由自作不可逭瞢然豐然災牀膚嗟哉糊塗乃若此翻以沈倅爲糢糊沈君臨難被朝服棠堂司馬甘捐軀我爲此詩表忠節清風百世羞頑懦君不見文仲之知不如甯子愚呂端小事真糊塗世人乖巧乃失節惟有糊塗滓不污

相傳捻寇未至時黃河南北每夜青燐徧野與人爭路而行時謂鬼移家　山陽高延第庚申紀亂詩曰幕府春燈事最晉喝啾歌習雜鳴笳羽書旁年方增戍軍國平安伺報衙白晝羅沙天雨泣青燐奪路鬼移家謾言休咎非人事可恨檀公一着差

褒烈祠祀陳提督振邦及妻吳氏載前志壇廟而事實

未詳山陽丁晏有鐵花行詠其事序曰陳提督振邦字鐵琴小字鐵兒安徽潁州人不知誰氏子生而白皙美丰儀氷清玉潤婉若處女馴若書生十餘歲即嫻武略陷陣折衝所向無敵天長總兵陳文勝故降賊也錄爲義子遂冒陳姓投李軍門世忠營歷功保副將嘗與應城陳將軍國瑞鬭壘將軍敗鐵琴執旗大呼麾左右幾獲陳陳益壯之後宛轉乞爲義子陳將軍在淮每練兵須陳余親見鐵琴白袷長衫朱纓繡帽如佽鶻摩霄翩然攫擊天生之偉器也聘都司吳璜女授室結縭宛然雙璧嗣鐵琴狃事欲自裁飲阿芙蓉垂斃余亟延醫以

生擒血戰雖旋復投劉軍門銘傳營攻剿捻賊累獲大捷升總兵以提督記名簡放賜黃馬褂戊辰三月鐵琴過淮來謁長跽執禮甚恭時年二十有三余慰勉之是年五月於中途屯營詢地名爲陳家灘鐵琴心惡之猝遇賊中洋槍而殞李爵相奏請恩卹有加賻遺甚厚文勝利其遺財必欲歸棺於皖其妻吳夫人以文勝非真舅將大歸於淮文勝率兵卒奪棺以去吳夫人痛不欲生時有遺腹娠身已六月爲兵卒推撲墮胎即時仰藥殉烈年甫十九悲哉適劉軍門至淮致祭鐵琴聞之怒甚遂縛文勝於軍前數其掠貞婦奪賻之財絕忠將血

嗣之罪斬首於市時人快之按吳夫人山陽汶河鎮人父名璜後改炳燿字禮北以武人耽於書史爲包安吾入室弟子書法具體安吾安吾故後爲刊遺書多種夫人幼承父訓嫻禮儀振邪嘗隨陳將軍駐汶河父稔陳將軍遂以夫人妻之陳家灘在河南滑縣文勝又名志明並見山陽丁壽祺陳烈婦行序見王談表

光緒五年設電報局於錄事巷西堤上旋遷入程氏花園再遷河北大路巷東蔡姓宅內

光緒九年山東齊匪王古佛擾泳陽安東濟河邊境昌言禍福以擅符籙茹素諷經煽惑男婦信從者衆無賴者從而和之風聲傳播將有揭竿之勢章總鎮合才廉得之命游擊郎桂林守備王元率兵馳往掩捕僧道各

一旋獲古佛子起太立予正法風鶴頓息古佛遁

是年法人啗雞籠海濱戒嚴漕督楊昌濬調清淮兩營兵千餘人駐防黃河灘

十三年三月彗星見西北長亙天預言家云主大水秋八月河南鄭州黃河決口人心恐惶漕督令營汛積土備患

是年設郵政局於草市口迤東旋遷東城斗姥宮內

光緒二十三年內河行駛小輪經理郭姓局名立生地址在栗大王廟浮橋下其后遂有招商大東泰昌戴生昌等公司建設輪局于清江閘口一帶

光緒二十四年廩貢生張永欽王寶槐王登瀛歲貢喬國楨請以磨坊九九抽提麥厘之款化私爲公撥充猶龍書院課士經費邑尊侯紹瀛允之厥后更書院爲學堂不需籌措庠序林立學子莘莘胥賴乎是

光緒三十一年詔停科舉優拔不廢諸生有志與試者加倍錄取改學政爲提學使

是年改猶龍書堂爲清河高等小學堂

光緒三十二年清江商會清河縣教育會先後成立

是年淮北大潦當道不知粥廠爲失策倉猝間開辦飢民之聚於浦垣者數十萬八苫蓋蘆棚製造釜竈購米

積薪施藥儲櫬官吏罷於奔命而侵蝕隨之而此數十萬流亡之衆紛呶喧噪變生旦夕無已資遣歸僅免潰決而老弱之轉徙疾疫之死亡已不堪問

是年水災邑人程人鵠請發豐濟倉儲穀振濟著有丙午水災罪言以警當道

淸邑水道失修道途更塞已數十年光緒丙午丁未美國醫士林嘉美謀于華洋義振會施行工振既將舊有溝洫備加疏濬復開支河數道又築廣衢數十夾道通溝取土培路即以行水共糜金錢二十萬有奇

林嘉美來淸河三十餘年辦義振數次初設仁慈醫院

於老壩口近以其地湫隘不中病室之用乃復度地數
十畝于水渡口之東北建西式樓房數十楹將醫院遷
入
遷高等小學堂於崇實書院教育會附之
宣統元年預備立憲提督王士珍撥庫欵建自治研究
所以邑人張符元爲所長喬國楨副之
是年勸學所成立附設教育會東齋
宣統二年設自治籌備處票選王化南爲處長閻溥王
義成副之
宣統三年八月十九日革命軍武昌起義江北提督段

祺瑞奉詔赴援新簡提督楊慕時未至人心惶惑知有大亂九月十六日黎明駐浦北洋十三協兵譁變鬨入縣城開放獄囚恣意焚掠護提督淮揚道兩員逃免公私損失殆盡日晡始飽颺北去而四鄉亂民亦揭竿繼起相率擄掠全縣騷然至有鄉里親戚互爲攘奪恬不爲怪者蓋時値大歉盜心起於飢寒狡黠者得扇而動之故潰敗決裂至於如此十九日在城士紳公請陸軍參議蔣雁行爲江北都督收合潰巡防軍隊四出鎮懾未幾楊公慕時至復舉爲江北民政長更舉邑令邵承灝爲清河民政長邑人閆澍爲民事長剿撫兼施而鄉

甲耆老相約集團互保誅鋤不法擾攘十餘日始稍定
滿亂甫平有奸民某假革命名糾合潰兵數百盤踞城
北要索餉械驕横异常潰兵十百成羣游行市肆村落
間岌岌復有十六日之事楊公慕時亟商蔣都督誘某
誅之羣散潰兵驅之出境人心復安
十一月宣統帝遜位邵承灝去職邑人舉閻溎爲清河
民政長溎周歷四境撫綏之安輯之禁詰奸暴巡行城
厢内外恒午夜不休乃得轉危爲安秩序漸復

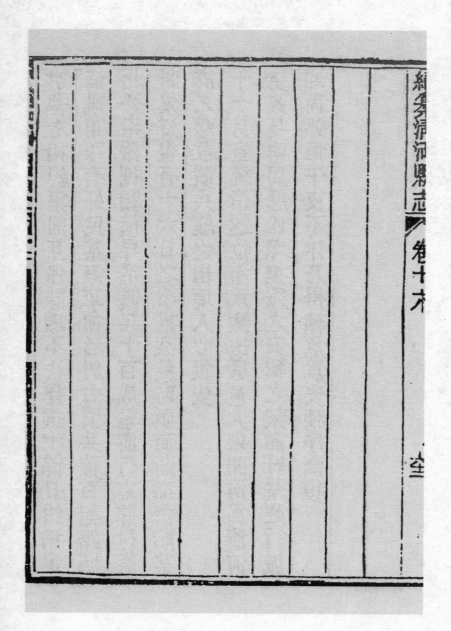

徐鍾令纂修

【民國】淮陰志徵訪稿

鈔本

災祥四

明正德三年冬清河縣以上至宿遷縣一帶冰紋如花樹樓台圖畫之狀

嘉靖四十年六月清河縣東南隅有雲氣如列城市宮殿狀甚奇偉

萬曆二十二年六七月大旱清桃亢暘

三十三年山塩清桃自六月大旱三月顆粒不登

四十年四月清桃冰雹大如盤錊地深五寸二麥盡傷冬雷

四十三年秋山安清桃大水

崇禎十七年清河縣有鳥群飛類鴿而小羽近白足如雞有毛人謂之番雞

清順治十八年清和縣有野彘入市

康熙二十二年五月清和縣人夜見有白氣数道如虹而鋭從月射出次日大雨雹霪百日以上均據乾隆府志補

咸豐七年六月蝗據邑人王卓如栊雲居遺稿

光緒六年夏蝗

十四年大雨水

十五年春饑

二十三年六塘河溢

二十四年水

二十五年五月十七日夜隕星而雷

二十七年五月長星見西北二十五年及此則俱見小方壺齋詩存

二十八年夏蝗入境

三十二年夏大雨水自五月二十八日至於八月不止

三十三年春大飢流亡被野秋大疫

三十四年夏雨水傷禾

宣統元年夏彗星見六月至八月大雨水十一月地

大震

二年水歲除大雷電

三年水秋桃有華

補遺

咸豐十年彗星見西方

光緒十年六月縣治西門外城河蝦忽放光游揚水

中歷歷可數觀者甚衆

（清）余光祖修　（清）孫超宗纂

【雍正】安東縣志

清抄稿本

淮安府安東縣志卷之十五

祥異志

余光祖曰劉向作五行志以五行配五事自謂探陰陽之祕符感應之理乃往往敘一災推一怪前後相反父子異詞董仲舒因高廟便殿災而對策宋儒洪邁猶譏其與生平學術大為乖剌可知天道遠人道邇未可斤斤協合也堯水湯旱高宗雉升鼎耳雖盛世亦有反常之事惟在德以消之若夫春秋雨雹震電日食山崩李梅冬實水火螽蝝歷歷紀載不削胡安國以為不言事應而事應俱存得宣尼之旨矣漣僻處一隅五行六沴

有恒有變修省軫恤之道在焉 志祥異

秦

歷陽之都一夕反而爲湖即今傾項湖是 出鴻烈淑眞問篇

漢

昭帝始元三年鳳皇集東海

貞觀八年淮海大水

貞元四年地生毛

晉

元康元年東海雨雹深五寸

永康元年東海霾雨没禾

唐

長慶元年海水氷二百餘里

宋

天禧元年六月江淮蝗一日大風吹蝗入江海或抱草木而死

熙寧十二年黃河決自澶淵南徙會淮合汶三河並流總歸安東入海始有河患

淳熙三年楚州界飛蝗如雲陣風雷者適時大雨皆死禾稼不害

元

泰定元年黄河决大清口從三义河東南小清口合于
淮下安東
至正四年上貞觀道士徐依稀自知化期作詩别衆有
羣鶴繞空異香滿洞宣慰使嵇安具其事以聞

明

洪武三年安東郊原每日下午鬼游千百有聲百姓不
安訴于朝帝御製文遣官諭祭更命設邑厲壇鬼止
宣德二年丁未三月長樂鄉楊仲禮妻吕氏一乳三子
俱存有司具聞勑禮部遣進士賜鈔十定米五石
景泰四年正月民人東敬（或作史敬）妻彭氏一産三子知縣

邱陵遵例給鈔米
是年淮以北大饑
成化四年蝗捕之愈盛太守楊公景虔禱雨降蝗滅歲
大稔
成化四年有鳩來巢于戒石亭
弘治癸丑冬大雪六十日爨葦幾絕大寒凝海
正德八年黃河清
嘉靖元年水災民饑
二年蝗災民饑人相食
三年旱蝗災甚令納蝗子五斗准三等吏缺

十八年水星逆貫斗牛海潮大漲
二十年黃河東決于大清口
二十五六年火孛逆斗牛倭變犯淮揚
三十年八月十七日地震自東北抵西南聲如雷
三十一年河淮大溢田被沙淤
三十六年四月朔紫雲自西來空中聞兵馬之聲大風
冰雹又天鼓鳴五月初十日日本國倭乘舟至淮下
安東人治焚掠十五日督撫王公誥經畧唐公順之
都督黃公印劉公草堂統苗兵至東門外化紙墩殺
倭大半餘逃入海回國

三十七年水災民饑
隆慶元年水災民饑
三年河漲大水災
四年宿水不涸民饑
六年七月二十七日黃河驟漲自徐碭至淮揚一夕大
餘下流悉成巨浸安東尤甚
八月有五色雲如彩霞聚紫薇垣晨昏出見經兩月餘
又有黑赤如旗近輔弼星冬十一月土星黃潤入房
心晉守尾箕五載
萬曆元年水火同入奎壁水逆行箕斗成勾巳

二年七月二十四日東海大嘯河蕩並溢漂蕩安鹽清
等邑官民廬舍一萬二千五百餘間溺死男婦鄭江
等一千六百餘名口
是年十二月火星守奎宿有尾光芒長丈餘如彗星一
月乃散
二年七月二十五日暴風雨河漲海嘯人民溺死無數
海灘現巨魚臥于地高丈許人取脂作油骨作棟鬚
作弓矢
三年三月水星同太陰三犯畢宿五六月守參箕其年
主大水六月霖雨不止風霾大作河淮並漲千里共

成一湖居民結筏浮箔採蘆心草根以食
四年八月朔日食白晝如夜現星斗鴉大噪蛙齊鳴河
決海嘯百姓逃散議廢縣
五年水星犯參井大水田與海連百里無烟錢粮無征
六年大水夏秋無禾冬雷大震一日三次
七年熒惑晝見于七八月夏秋大水街市行舟復議廢
縣
八年大水無禾併里築堤
九年大水歲星守斗占主江淮大熟
十年七月十三四日異常風雨一時海嘯淹没田禾衝

淌人畜倒壞房舍無算

十一年大水

十二年河水平田可畊

十三年水

十四年歲首黑氣貫箕斗水星犯太陰春夏旱秋潦

十五年秋大水

十六年蝗大飢五月氷雹六月海嘯人畜溺死

十七年熒惑守心春夏旱秋大水

十八年旱蝗五月十八日大風雨河漲秋無禾

十九年五月以後暴風霪雨海嘯河漲平地水深丈餘

漂溺屋畜無數
二十年五月冰雹傷麥六月大風雨馬陵山水發淹縣
安東暨邳宿俱沉釜底
二十一年夏水孛犯箕斗冬彗出天津河決王家營
二十二年飢十一月黃河清後復清百餘日
二十三年春大雨雪秋大水
二十四年夏大水六月初一日分黃導淮新河告成
二十五年八月二十六日辰時地震河渠水翻房棟皆
搖
二十六年秋大水黃淮夜泛

二十七年春旱秋水閏四月朔地震自西北起東南止有聲如雷

二十八年六七月大風雨河漲

二十九年霪雨兩月大水

三十年水孛犯斗守箕三四月冰雹秋河淮俱漲

三十一年黑氣橫生斗牛熒惑逆行午位夏秋霪雨異常

三十二年三月亢旱五六月霪雨

三十三年暴風傷麥夏大雨秋無禾

三十四年熒惑司天週迴南斗六月河漲大水

三十五年正月至六月土逆行斗宿退留五月初二日
冰雹雷雨諸水皆漲
三十六年火星入斗大旱
三十七年大旱
三十八年飛蝗蔽天食禾苗殆盡
三十九年大水災
四十年雹殺麥四月十六七日大雪六月旱蝗食禾海
嘯河决大水民飢
四十一年大水知縣黄成章築遥堤
四十二年十二月二十七日能仁寺塔放光遠望十里

次日辰巳時彩雲籠于佛殿

四十三年蝗生河漲十一月木星順行守斗将百日分野屬淮揚占木為福星主其地大昌

四十四年蝗遍野城市亦盈尺凡六日草木俱盡

四十五年蝗復生復禾

四十六年雨暘時若

四十七年旱蝗無秋

四十八年霪雨決堤沒禾

泰昌元年

天啟元年六月十八日大雨三晝夜馬陵山水發決塌

橋二鋪等口十月十九日雷電交作
二年八月大水文廟傾十月河清十二月二十六日卯
時地震
三年旱
四年秋大水
五年霪雨彌月二麥無收
六年四月蝗蝻盡盈尺草木禾苗俱盡人不聊生
七年河漲大水盤傷禾
崇貞元年大水決塌橋等口
二年大水

三年河決吳良玉等口
四年決東門等口十餘處
五年秋決東門等口衝居民八十餘家園墓無數荒瀆
落潮現巨魚骨大如磑
六年六月二十三日決塌橋等口
七年七月二十五日決吳良玉等口
八年二三月霪雨淹麥四月初五日雨雹如卵六月蝗
蝻蠕跳草木盡食
九年四月大夜三日夜麥盡沒二十九日大雪歲饑賑
粥

十年旱麥秀不實四月大雪殺禾十八日雹如卵深尺
餘秋禾土蠶食盡
十一年旱麥稿秋田鼠嚙禾
十二年旱蝗再生麥禾盡食六月初九日決蔡家等口
城內火災三次焚居民二千餘家
十三年二月兩次蝗生食禾大旱赤地千里
十四年二月二十七日風雨驟至雨過聞空中鳥聲如
笙簫從西北來或謂為九頭鳥主荒疫後東省流移
數萬飢食糠粃人肉屍橫城野五千餘人三月蝗蝻
生四月大霜五月疫歿者眾六月決吉家等口沒禾

民飢
十五年旱槁三月初三日桃花水發立夏大霜四月二
十四日雹大如斗傷人六月二十日決邢家等口十
數處陸地行舟王公祠没于水
十六年水決邢家口十二月初三日地震自子至寅
十七年大疫三月大風飛沙拔樹伐屋思宗崩民震亂
大清
順治二年七月初四日風雨霹靂伐屋拔樹火光燭天
三年八月青雲閣升梁夜有光繞梁上十月大雷電
四年河決東門等口十七處城浸五尺三門屯閉街市

行舟成河秋禾盡沒大飢
五年春霪雨無麥民饑六月河漲溢決東門口吉家口
馬陵山水沒西北民田四野陸地行舟淮道下公三
元委同知劉公慶霑通判李公肇源至縣議塞
六年秋水決東門隄東鄉災
七年秋虫傷豆
八年秋虫傷豆
十一年大旱井底枯無麥人食糠粃
十三年夏秋大水災
十六年五月初四日連雨二十四晝夜河決崔鎮口四

鄉皆淹廬舍衝淌止存一城大飢

十七年春夏旱夏邑侯禱雨一月不應秋大水四鄉皆

没七月十一日酉時大星如火光自東流西

十八年秋大水牛畜淹死廬舍衝淌

康熙元年六月河决王家營口顏河口西鄉災秋有蝗

二年十一月初六日北霓見

三年夏大旱秋澇彗星見東南方冬少雪

四年春大旱夏飛霜雨雹五月十三日連雨二月河漲

决吉家口王家營口崔鎮口馬陵山水至决蔡家口

河水西流麥堆廬舍牛畜盡衝没陸地成海水漫城

四門皆屯上司踏勘題災蠲徵十分之二七月初三
日夜怪水忽作疾風暴雨夏村營蔣營管石墟月河
灣五丈河阜民鎮夏家樓佛陀磯岔廟瓦墟水湧丈
餘拔樹沖屋男女淹死一千二百餘人有全家俱死
者屍浮水面慘不忍見其餘各鄉鎮城市房舍摧倒
一望邱墟
五年二月初七日大河氷凍長水沖倒便益門
六年七月七日潰王營口淹全縣四十里幸即沙淤
七年六月十七日戌時地大震有聲如雷從東北至墻
壞屋塌十存不過一二塔頂墜于地城市鄉村以及

郡城同日壓傷男婦大小無算而安邑尤甚城内大
水行舟天雨五十日地震之後又雨五十日民有子
遺之嘆
九年十月初六日河決冲城
十四年大水秋豆苗而不實
十六年四月初四日地震
十七年蝗蝻
十八年十月初三日潰王營口
十九年大水報災田二萬二千頃有零
二十年八月初六日有大星流入天市垣

二十二年水災報田一萬九千頃有零
二十三年報水災田一萬九千頃有零
二十五年蝗蝻
二十六年正月初三日晚地震
二十七年蝗蝻
二十九年黄河水凍四十日騾馬通行大道
三十一年報水災田一萬八千頃有零
三十五年大水民便口決報災
三十六年頭堡口決大水災
三十七年大水
祥異

三十八年水
四十年年災田二萬三千頃
四十四年災田一萬九千頃有零
四十五年災田二萬一千頃
四十六年元旦早三日并出如連環
四十七年水荒
四十八年大荒饑自古未有也十月初九日星隕聲如
雷百里俱震動墜于西南鄉界羅家荒化為石深入
地二尺重十三斤
四十九年六月二十六日早鵝毛小雪西北鄉蓋地

五十年旱蝗
五十一年災傷田一萬七千頃有奇零
五十二年水災恩免田銀
五十四年蠲免田粮有差
五十五年大旱無麥五月淒冷如秋至七月二十四日始雨晚禾收
五十七年豆蝗蝗為災秋大水冬大雨雪
五十八年大水無麥秋災蠲免田銀
五十九年上元後大雪奇冷黃河復凍走人比臘月尤甚時立春二十餘日矣五月二十二日地震

六十年大旱夏秋百日不雨

當今雍正皇帝

元年麥秀兩岐

二年九月十七日海嘯劉老澗五花橋水至報災田一

千三百頃

三年日月合璧五星聯珠黃河清

四年雨水劉老澗五花橋水溢報災田一千七百頃

五年風調玉燭九月桃李花開

乾隆三年大旱井底枯

七年水荒正二月霪雨濟麥四月復大水遍地行舟秋禾盡沒大荒城市鄉村餓死人屍横遍野秋决新工頭

八年有種則收柰田主無種佃戶無牛致荒蕪

九年旱

十年水

十二年水

十三年春二麦皆被泥虫泥死秋熟

十四年大水

十五年水
十六年水
十七年七月二十日風暴蘆林傷
十八年五月遍地蝗生五港司通詳各官皆至民均逃
避六月發水至八月止遍地行舟自古未有
十九年水
二十年決包家河陳溪鎮水災至廿一年秋始涸
以上未載志內今記之

【光緒】安東縣志

（清）金元烺修　（清）吳昆田、魯蕡纂

清光緒元年（1875）刻本

雜記

漢興平元年曹操攻陶謙拔五城略地至東海破劉備軍遂攻拔襄賁

蕭齊太祖元年北兵攻朐山漣口角城命李安民頓泗口分軍應赴

唐咸通中龐勛入徐州又徇下邳漣水諸縣皆下

中和四年臨淮漣水民家鷰化爲鵶

乾甯二年楊行密襲漣水拔之令別將張訓據守四年行密拒汴軍於楚州訓自漣水引兵會之大敗汴軍清口後以訓爲淮海遊弈使仍守漣水

吳漣水軍使秦崇進修城發一古塚棺槨皆壞得古錢破銅鏡數枚復得一瓶貢質黑文成字云一雙青鳥子飛上五兩頭借問船輕重寄信到揚州明年周師伐吳崇進死之（此從十國春秋採入按周師未曾伐吳舊五代史以崇進爲南唐漣州刺史庶爲得之）

馮宏鐸漣水人少與里人張雄友善雄以事爲吏所抑因與其徒亡入海爲盜宏鐸隨之聚衆千人自號天成

軍遂據上元雄卒宏鐸繼其位治水軍於金陵樓艦之
盛聞於天下大順元年詔復以上元為昇州命宏鐸為
刺史遂增板築大其城為戰守之備楊行密定淮浙因
請歸附時田頵在宣州常欲窺伺宏鐸介居二大國之
間又郡中數有妖怪心不自安遂悉眾南上聲言將討
豫章實欲襲頵頵自帥舟師與戰於曷山宏鐸敗沿流
將入海行密自出東塘邀之先使人謂宏鐸曰今眾力
未損何憂一郡而欲自屏於海外吾府雖小足以容君
捨此而去無謂也宏鐸左右聞之皆哭行密乃升其舟
執手慰勉遂以宏鐸歸署揚州節度副使館給甚厚常

與行密同祀漢高廟有二烏鬥於樹行密命射之宏鐸引弓伺便一發而二烏俱墜天祐四年卒

宋王宗望爲江淮發運使楚州沿淮至漣州風濤險舟多溺議者欲開支氏渠引水入運河歲久不決宗望始成之爲公私利

秦檜從二帝至燕山金主以檜賜撻懶爲任用撻懶攻山陽建炎四年十月檜與妻王氏自軍中趨漣水軍水砦航海歸

建炎三年閏八月輔逵攻漣水軍先是太學博士孟健自海州率民兵數千勤王至漣水軍南寨因留焉至是

爲遼所攻死之　四年以趙立爲徐州觀察使泗州漣水軍鎮撫使兼知楚州金人圍城數月立遣使詣朝告急趙鼎遣張俊救之俊不肯行乃命劉光世督淮南諸鎮救楚州訖不行立死之按此稱漣水鎮撫乃是権時之制其實立仍守楚州而舊志以爲知漣水軍誤矣　五年十月僞齊兵寇漣水軍韓世忠遣統制呼延通擊敗之　六年三月金齊兵犯漣水軍世忠復擊敗之

紹興三十一年金人將南侵宿遷人魏勝聚義士三百北渡淮取漣水軍宣布朝廷德意不殺一人漣民翕然以聽遂取海州

開禧元年鎮江都統戚拱遣忠義人朱祐一作裕結弓手

李全焚漣水

嘉定中李全等攻元壓提知楚州應純之密聞於朝謂中原可復丞相史彌遠密勅純之等慰接之號忠義軍放錢糧萬五千人名忠義糧於是東海馬良高林宋德珍等萬人輻輳漣水十一年五月李全至漣水議再攻海州　十三年忠義統轄季先死制置使賈涉欲收其軍遣統制陳選往漣水以總之先黨裴淵宋德珍孫武正及王義深張山張友拒不受迺迎石珪於盱眙奉為主帥全見涉請討珪涉未有處議者請以全軍布南度

門移淮陰戰艦陳於淮岸示珪有備然後命一將招珪軍衆心一散珪衆自離涉用其策珪計果窮乃殺淵而挾武正德珍與其謀主孟導歸元漣水軍未有所屬全求併將之卑詞獻珍具自結涉不能卻遂以付全

寶慶元年時靑使人僞爲金兵道邳州出漣水奪金川砠而伏騎八百翼日全引二百騎渡淮與門伏發全敗劉慶福以兵往救全出全與慶福俱重傷歸楚州

紹定四年李全已死六月全妻楊氏歸漣水又竄山東數年而後斃

寶祐元年毛興守漣水六年攻沂州捷進官一秩又遥

授安東軍承宣使開慶中李松壽寇漣水閫帥遣興與之興有撍爲松壽用以書來欲且留此軍並獻銀二匆興曰奉命出戰而縱敵棄地何辭以班師乃請益兵會制帥趙節齋病不報興遂死之府志列之秩官而叙其事蹟如此今按興守漣水謂以兵戍守不必果知漣水軍也至後遂授安東承宣使則興已駐兵沂州故曰遂授其未莅職可知故記於此又按宋時有安東州有漣水軍此獨曰安東軍尤事理之可疑者

耿世安爲淮東副總管兩淮都撥發官諜報北兵至制置使賈似道調世安提兵往漣水軍增戍衆方猶豫世安竟迎至漁溝以三百騎入陣鏖擊死之

景定元年冬十月李松壽修南城詔趣淮閫調兵毀之

壬子夏貴破李松壽於漣水城下夾南城舊址　三年李壇以漣海三城叛元來歸詔改漣水爲安東州（按壇即松壽也）

金泰和五年五月宋人入漣水縣六月復入漣水　六年宋楚州安撫使戚拱遣將高顯以兵五百人破漣水縣（按此與宋開禧元年正是一事彼作宋祐此作高顯傳聞異辭）十二年糾卯阿里破漣水寨遂取漣水軍

興定元年宋人取漣水縣八月邳州經略司與宋人戰漣水宋人敗績　二年宋人攻漣水提控劉瑱敗之

貞祐中紅襖賊千餘人據漣水完顏仲元時爲河北宣

撫副使遣兵擊之復漣水縣

天興元年兖王用率兵攻徐州不下退保漣水　二年魚山從宜嚴祿叛歸漣水　國用安紅襖賊李全餘黨也天興中東面總帥劉安國勸用安歸國封郡王旋殺安國攻徐州不能下退歸漣水元東平萬戶查剌兵至漣水降爲查剌渡河用安詭還漣水復歸宋隸淮閫

元中統元年夏四月立互市於頴州漣水軍禁私商不得越境犯者死以下參採元史及元史類編故互有異同　二年詔造中統元寶交鈔立互市於頴州漣水光化軍　正月宋兵圖漣州李璮敗之二月宋兵攻漣水命阿术等帥師赴之敗

宋兵於抄湖堰按此與宋景定元年正是一事彼云夏貴破李松壽此云李壇敗宋兵史臣互張其詞不足信也隋世昌選充隊長宋兵犯海州戰却之進攻漣水軍先登身被數創衆從之克其城擢馬軍千戶中統初漣水復叛歸宋世昌軍於東馬寨屢擊敗宋兵劉國傑少從軍漣海以材武爲隊長至元六年籍漣海兵取襄陽授益都新軍千戶　八年山東行樞密院塔出於四月遣步騎趨漣州攻破射龍溝五港口鹽場白頭河四處城堡　十年張均攻漣州奪孫村堡　十二年春正月甲戌師攻黃州宋制置使陳奕及其子知漣州巖皆以城降按奕本傳知黃州以城降元其子巖知安東州奕遣人至漣州出家函示之亦

降時州縣互易或稱漣州或稱安東想史偶不檢耶二月博羅歡次漣州宋知州孫嗣武降按宋史正月元帥至江州陳巖夜遁三月嗣武以城降較此尤確殿因不得迎降江州也立漣水新城清河三驛勅塔出李阿塔海也速帶兒兩軍赴漣州 怯怯里從太宗南伐略漣海十二年授武略將軍明年平漣海 十六年詔漣海等州募民屯田置總管府及提舉司領之 十七年秋七月用姚演言開膠東河屯田漣海 十八年九月罷漣海屯田一作十九年 二十一年定漣海等處屯田法 董摶霄從丞相脫脫征高郵賊恃習水渡淮北據安東州摶霄招善水戰者五百人與賊戰安東之大湖大敗之遂復安東

明洪武三年安東每日晡時鬼游郊野千百有聲百姓
訴於朝帝製文遣官諭祭更命邑設厲壇鬼止
宣德二年三月長樂鄉楊仲禮妻呂氏一乳三子俱存
有司以聞勅禮部賜鈔十定米五石
景泰四年正月邑人東被一作史被妻彭氏一産三子知府
邱陵給米鈔
嘉靖三十六年四月朔紫雲自西來空中聞兵馬之聲
大風雨雹五月十日倭寇乘舟至淮進逼安東入治焚
掠十五日督撫王誥經略唐順之統兵至東門外化紙
墩擊走之是年倭略邑人逄大漢二漢邱六漢等六人至其國尋賜衣物送至京禮部遣送還縣逄

大漢名忍二漢
名忍亦見舊志

萬歷二年秋海水大漲居民溺死無算水退時有巨魚卧地高丈許人取脂為油骨作棟髓作弓矢　四年海漲河決居民逃散衆議廢縣以丁畝分屬山清海沭四處淮安營田副使史邦直力持不可曰安東生氣倘王數年撫綏瘡痍可起且海口門戶豈宜輕撤惟當併裏裁員糧徵見戶庶可鳩乎又設法抵漕糧開醃切借田税補缺額縣始賴以存云　舊志載入仕續今按營田副使萬歷四年設九年缺裁其駐札安東與否尚不可知故記於此

崇貞十七年五月賊兵至宿遷居民震恐漕撫檄移縣

民渡河而南恐城為賊所據議焚之適總兵邱磊抵縣
環城舂度斷民堅守移議遂寢　栢永馥逆人亦於是
年以淮藩右協守河北駐兵縣城增修城上女牆次年
大兵至永馥降　以上二人舊志列入仕蹟今按統兵駐守事非常制故秩官不取時又有趙應泰深州人崇禎十三年漕撫委練安東鄉兵守職推勤一無所擾擊平時河土賊單騎夜往手獲六人村落以安亦附記於此云
國朝咸豐十年正月豫逆李大喜等陷清江浦掠縣西
北鄉十日而去　十一年六月豫逆由海州之大伊山
新安鎮闖縣境東北鄉至蔡工參將朱光庭擊敗之
殺數百人賊由灰墩岔廟鎮向西南遁是役也賊憤於

察工之敗沿途殺掠居民甚眾
同治元年正月賊由沭陽錢家集過六塘河南擾縣境北鄉之王家集淺集而東至嵇家馬頭程家集胡家集四出焚掠破阜甯城二日復回竄縣境東鄉破仰湖圩過城北飽掠去西路桃源之眾與數十日不退時知縣宋傳燧以城內兵少請於漕督遣都司滕國棟守備劉廷佐率兵三百來援第能爲城守計鄉民隔絕矣於是賊蹤風雨飄蕩恣意焚殺無有能禦之者　二月賊由眾與再竄溥縣城而東至灰墩平旺河東北至海州之新安鎮响水口又東至安阜交界之套下與阜甯之東

坎鎮驟馬四掠一日夜行三百里窮驅民畜極於海濱上下數州縣火光燭天人聲鼎沸焚殺殆不可算凡八日而退於是傳燧始議壍城而守四鄉圩砦自此始築矣 四年三月賊任住等由山東南竄至六塘河濱及高家溝西不久輒去

【乾隆】重修桃源縣志

（清）眭文焕纂修

民国六年（1917）汪保誠鉛印本

物周禮設職方之司而詳而與諸識之以後考古門徑而降近行誌僅史不絕書
經改九數諸志七年將設省以縣改變後又復見所可臨院設縣分治以區必詳
詳焉

雖非學涉于讖緯術數而人事作則天變應譎言天者必有驗於人荒子為漢世醇
儒亦皆及之為政若此於勸民敎治不亦有少裨乎志祥異
漢昭帝始元三年鳳凰來集　成帝河平二年四月雨雹如斧　袁安為楚相會楚
王英事牽引千餘人三年不決繫幽死者以百數大旱赤地千里安決獄非首謀為王
所引者應時理遣旬日活千人雨隨沛　孝婦竇氏被誣前郡守枉殺之枯旱三年
于公命使守祭其墓立雨　桓帝永興二年彭城泗水增長逆流
六朝永康元年冬雷雨麥蕎讓　咸和六年雨為穀桑麥　永元元年淮水赤如血
唐武后時地生毛或白或黑長者尺餘　德宗四年地又生毛　大中十二年淮
南大水發自徐州流沒數萬家
宋真宗天禧初江淮大風吹蝗入江海或抱草木僵死　高宗建炎間八月大雪時
布衣歐陽澈上書詆汪黃誤國為所陷誅死　建炎三年桃源洞大水巨石一塊隨
流而下石有文詳見古蹟　紹興間淮水溢中有赤氣如血後連歲大旱（時已為
金地矣）　寧宗嘉定元年八月大旱江淮間杯水數十錢渴死者甚衆

元泰定元年黄河決大清口從三汊河東南小清河合於淮自此黄河南入於淮
明洪武四年淮以北大饑巡撫王竑竭力賑之既而二麥將熟霪雨爲災王冒雨往
躬禱之泣雨旋霽　成化間有二鐘泝淮而上相激水中聲如猛吼人爭報於官
總兵官陳銳令有司祭之一鐘遂止今懸於郡治城之朝宗樓是也其一止於泗上
（宿遷志作正統間有鐵鐘二浮河而下聲吼如雷民以爲水怪殺牲祀之一鐘竟
去一鐘乃止移入寺內此一事而互異或兩地各有一浮鐘也）正德三年冬黄河
冰結有文如花樹樓臺巧於圖畫　七年流賊劉六等至淮房劫焚掠桃邑土城不
可憑官民禦於城隍廟賊兵二至界者有所畏而不進先是前三年七月十九日陰
雲布合廟霾漲天颶風怪雨大作淮河巨浪排空至是七年此日風雨如前總制彭
澤陸完乘之以殲賊於狼山盡殲之　十八年七月初三日東北大風晝晦數日水
屋逆貫斗牛　嘉靖三十一年淮河大溢田地供沙淤後三年又溢　隆慶六年七
月二十七日黄河驟漲自徐碭至淮揚一夕丈餘下流悉成巨浸山清安鹽邳宿睢
被災爲甚桃尤甚　萬歷元月五月十八日夜淮水暴發千里汪洋沒害淤田淤河

民多溺死　是年水火同入奎壁水逆行箕斗成勾巳　三年六月霪雨不止風霾
大作河淮並溢千里共成一湖居民結筏浮箔採蘆心草根以食　九年歲星守斗
大熟　十七年熒惑犯心沭安淸桃自二月來無雨至六月黄水大發平地丈餘
十八年旱復水五月大風雨淮漲漂麥浥爛　十九年七月暴風霪雨淮河泛漲山
淸安桃宿沭房屋牲畜漂溺無數　二十年淮浦禾雙穗　二十四年丙申黄河水
溢總河工部尚書楊一魁總漕戶部尚書褚鈇奏上臨開新河分黄便漕濬得龍蛻
疏奏有龍骨髮（今髮無考）三十三年木星順行守斗山桃邑内自六月起大旱三
月三十八年五月霪雨飛蝗蔽天六月大水　四十年四月風雨雹大如碗鉢落地
深五寸麥盡傷十二月雷震　四十二年桃宿等縣赤地千里　天啓二年雨雹大
如雞卵麥盡傷　崇禎十七年黄河水竭渡者揭衣而涉流寇決汴故也
本朝順治六七八年夏皆大水淹麥　十年冬烈風迅寒冰雪塞路四十餘日行旅
斷絶　十五年十月大雷雨河淮交漲
康熙六年七月二十九日河決煙墩城在水中居屋田園皆漂溺崔鎮于家岡斷岸

沿一派汪洋人烟斷絶先是清河縣民忽見西北上水氣淼淼在半空內若有巨艘千帆蔽天而下者村市皆駭走知縣遣役偵之其時桃源以上猶平地也後二十餘日河水乃溢遂決烟墩等口矣而是年八月間時屆秋中黃家嘴一帶地方亦忽見大水瀰天自東而來人皆驚怖奔避上高阜猶親覩變在天上往來數刻而消至明年四月果決黃家嘴河北三鋪皆淪沒　七年決三義壩　八年五月黃泗河暴漲二麥盡淪　九年河決陳家樓水勢滔天至冬冰棄如山樹木屋廬皆碎裂死者枕藉遍野是年又衝決新莊口　十年決七里溝　十二年新莊口既堵復決（舊志蕭文蔚曰自六年至此瀕河數十里之內決口八九處散漫瀰漫民於此時欲聊生也亦難矣）　十七年春民間生子無首兩目在乳口在臍如山海經所圖形夭之狀是年次年皆大旱生蝝食穀殆盡　二十一年七月流星如球高不過屋光芒四射照物皆見天鼓遂鳴者三

按知縣蕭文蔚作舊志止此自是以來將五十載其間固宜有陰陽之變氣祲之占且地勢卑下諸水所鍾或潰決泛溢必受其害一切報災申請之事歷歲屢值皆當

詳晉備覽然數被非常水患而尤莫甚於三十五年龍窩一決縣治土垣坍塌漂淌淤淺致浮沙壅起反高於城水猶向內灌注故當署廨舍悉爲漂淌文案卷宗多遭沒溺間有存者亦皆浥濕朽爛斷缺無復完備首尾隔絕莫能查對其他父老之所傳聞雖有似於目覩身親諒非鑿空臆說但念志乘之作將以信今而垂後苟案牘無徵而徒憑諮道塗聽說遂爲附和牽引卽使編紀燦然翻滋日後之疑誤所不敢也除數事昭昭在人耳目者次第載入外其民間見聞無案驗者不列非不採於謠者亦不列尚嚴勿濫用存區區敬愼之心云爾

三十三年淮河中河黃河相繼皆溢淹沒田地三十五年黃河驟漲直灌宿天中集龍窩口奔水漫溢城垣倉庫官舍民居盡遭淹沒兩廊文卷悉付波臣

四十二年大水

四十四年五月大雨六晝夜不息淮泗異漲房舍漂流秋禾盡淹

六十年春夏旱麥枯

雍正三年邳州朱家口決黃水由睢奔宿入治自洋河馬牙湖懷仁集一帶田地皆

諭

四年十二月　黄河濟　河院齊　題為

盛世河濟事案内旱報桃源汛内所管黄河上自宿遷縣交界起下至清河縣交界

止自十二月十六日起黄水湛然澄清與湖水無異至二十二日始得漸見渾流等

因奉

旨纂入史册

四年崇河鄉古八集民劉國珩一産三男

八年六月二十四五六七等日風雨連綿晝夜不止東省山水暴發灑漲歸馬湖漫

入黄河浮堤越岸氾溢冲激房舍被圯秋禾沉沒

河院稿　題奉

旨蠲賑　按是年大水縣浸城西白洋河馬牙湖徹仁集一帶淹湧沿夫房屋冲坍

殆盡人民漂淌不可勝計至有伏於屋脊浮匿或爬木杪緊抱悲號欲倒號聲震野

知縣眭文煥星夜僱募船隻督率役夫四處撈救標官安集幸免陷溺以俟題賑民

得全活

十年黃家嘴民許國正一產三男

十年夏西鄉柴林湖毛家集周遭四五十里蝗蝻遍地厚數寸官民捍捕旋撲抱草

溺死有記附藝文志

乾隆元年六月驟雨如傾連數日夜民房田地多被淹沒詳案

各憲　題奏奉

旨賑濟

按查比歲以來河堤益加保固濬水順軌安瀾恭荷

恩綸徧豁雍正十二年以前舊欠案

各憲宣布周浹偶雨暘稍愆隨禱立應即蝗蝻遺人旋撲即滅猶殛述

皇上如天深仁勸求民瘼屢沛恩膏人懷樂利迥視昔時之彫敝大有起色欣和食

德之衆當益感激於

高深之照育而急實賦勤力作厚風俗以共勉爲

聖世良民官斯土者詎不有厚幸歟

重修桃源縣志卷之一終

【民國】泗陽縣志

李佩恩修　張相文、王聿望纂

民国十五年(1926)鉛印本

表二

大事 附灾祥

凡大事其利害非限於一邑而適發見於邑中遂稽前古近及當代天行人治因時變革有足以觀治忽資鑑戒者皆是也惟其事有互見他門者則略標題目以存梗概有未見他門而格於義例不能別立專條者則詳載表中以徵事實夫亦各有當也且夫懿親勳舊分茅胙土乃前代封建大法淮泗爲中原故地吳楚大邦然非建都所在不敢攙入若乃泗水淮陽分域適當茲土豈容湮沒不爲表章此其宜表者一也封建之後厥爲郡縣其詳具疆域沿革泗陽與宿遷時分時合若其專名如淮陽桃園諸稱則爲獨有之建設正經界

而光與册紀述固不厭詳盡此其宜表者又一也至於兵事爲人羣競爭之由泗陽一撮土介居江淮之間自吳楚以迄宋金每南北有事輒爲戎馬所蹂躪然平川四達非有關中河内之險可守其勢恒屬被動不爲主動害萬而利無一焉大軍既過荆棘生之稱諸舊家譜牒無千年世守之宗姓亦可見兵禍驅除之效矣此其宜表者又一也兵禍未已河患乘之元明以降延及清之中葉一阨於泗沂出海路絕再阨於淮水倒灌洪湖而黃河乃横流潰决泛濫於泗陽之南北二境釀而爲渠焉匯而爲澤焉其詳具河渠民生其間者僅與黿鼉魚鼈爭窟宅以爲棲息國家議蠲議振歲無虚日然猶閭井邱墟室家離散今日耕田得井掘地得舟乃數見不鮮則當時蕩析離居之景况固可以想像得之此其宜表者

又一也若夫春秋書災異漢書列五行志凡善言天者必有驗於人是故鳳集河清石言星隕以及陰陽沴厲草木之變無不備書於策以示恐懼修省之意茲編亦謹述之或以察四方之理亂或以覘一代之興衰況乎孝婦含冤三年不雨鄒衍下獄六月飛霜安在彈丸小邑一行一言之善否不能爲庶徵之休咎哉此其宜表者又一也要而言之事必有實大而非夸上焉者顯庸創制足以徵前代之典章下焉者紀事編年足以備偏隅之掌故皆載筆者所不可忽也作大事表

朝代	紀年	記事	說明
周			
元王	四年	楚東侵廣地	

綿宣公二十二年　至泗上（史記楚世家）

秦

二世　二年　秦嘉起兵圍東海守於郯陳勝敗嘉立景駒爲楚王軍彭城（漢書項羽傳）

漢

高祖　三年　灌嬰破楚至下相以東盡

五年　降其城邑（漢書灌嬰傳）東定楚地泗川東海郡凡得二十二縣（史記絳侯世家）

景帝

三年　周亞夫使輕騎出淮泗口絕吳楚兵後塞其餉道（漢書周亞夫傳）

武帝

元鼎元　初置泗陽縣

年

(一統志)

二年 封常山憲王少子商爲泗水王

太初二年思王商薨子哀王安世嗣封一年薨無後太初三年思王子賀紹封元鳳元年戴王賀薨子綜嗣永光三年勤王綜薨子駿嗣元延三年戾王駿薨子靖嗣王莽篡漢貶稱公明年泗水國廢(漢書諸侯王表)

昭帝

元始元年 三月鳳凰來集(舊志)

成帝

河平二 雨雹

夏四月雨雹如斧形(舊志)

年

安袁決冤獄應時澍雨

時袁安爲楚相會楚王英事來引千餘人三年不決擕幽死者累百大旱赤地千里安決獄非首謀爲王所引者應時理遣旬日活千人雨隨沛（舊志）

于公雪冤獄立雨

孝婦竇氏被誣前郡守誤殺之枯旱三年于公命後守祭其墓立雨（舊志）

光武帝

建武二年

封族父歙爲泗水王十二

年歆薨國除（後漢書本傳）

桓帝　永興二年　彭城泗水增長逆流（隋志）

魏

文帝　文帝幸廣陵改泗陽曰魏陽（水經注 寰宇記）

晉

惠帝　永康元年　冬露雨麥謚涂

永興二　安東將軍瑯

年

邪王睿造邸閣於宿預以運軍儲（水經注泗水篇）

石崇鎮下邳開崇河運鹽米溉農田（晉書）（石崇傳未詳何年附記於此）

成帝

成和九年

雨雹殺桑麥（晉志）

穆帝

永和元年

淮水赤如血

帝	年	事
	年	（舊志）
	八年	殷浩北伐屯軍泗口
孝武帝	太元四年	苻秦將彭超攻彭城謝玄率衆救之次於泗口解彭城圍（晉書謝玄傳）
安帝	義熙元年	建武將軍劉道憐進救甯朔將軍羊穆之軍次淩柵

五年	斬叛將孫全（宋書長沙王道憐傳）春慕容超將慕容興宗等寇陷宿預掠男女二千五百付太樂教以音伎（晉書安帝紀慕容超載記）	劉裕討慕容超四月舟師發京都泝淮入泗五月至下邳留船艦輜重步軍進瑯邪擒超於廣固
十年	初置淮陽郡（詳疆域沿革表）	
十四年	以徐州十郡	晉安帝以徐州之彭城沛闔

封劉裕

陵下邳淮陽山陽廣陵兗州之高平魯泰山十郡封劉裕爲宋公加九錫（宋書武帝紀）

宋

帝	年	事	說明
文帝	元嘉二十五年	封第二十一子式爲淮陽王二十九年改封湘東王（宋書文帝紀）	
少帝	二年	徐羡之以檀道濟坍督五郡軍事	徐羡之既謀廢立乃以江州刺史檀道濟坍督青州徐州之淮陽下邳瑯邪東莞五郡

明帝

太始三年

魏獻文帝皇興元年

沈攸之留軍守宿預

徐州刺史申令孫討薛安都與安都合

薛安都據彭城請降

軍事（宋書檀道濟傳）沈攸之還留積射將軍沈韶守宿預（通鑑）陳顯達迎攸之屯於睢清合口魏將孔伯恭大破顯達軍進攻宿預戍將魯僧遵棄城走（魏書孔伯恭傳）申令孫爲徐州刺史討薛安都行至淮陽即與安都合（南史申恬傳）徐州刺史薛安都據彭城請降前將軍假節沈攸之徵之

陳顯達守下邳

爲虜所乘引退留長水校尉王玄載守下邳積射將軍沈韶守宿預睢甯淮陽亦置戍陳顯達以千兵守下邳遣清泗閒人詐告攸之云安都欲降求軍迎接攸之副吳喜納其說既而不果太宗復令攸之進圍彭城攸之以清泗既乾糧運不繼固執以爲非宜太宗不聽乃奉旨進軍行至迎城上悔進軍令追返至下邳而陳顯達於睢口爲虜所

宋淮北既沒敕李安民戍泗而城又戍泗口領舟軍緣淮游防(李安民傳)

破追攸之甚急因交戰被矟創合暮引軍入顯達壁(宋書沈攸之傳)

齊

高帝

建元元年(魏孝文帝)

魏攻淮陽圍角城周盤龍及其

先是上遣軍主成買戍角城至是買被圍上遣領軍將軍李安民救之敕周盤龍率馬

太和三年

子奉叔救淮陽大敗魏軍

步下淮陽救安民賈與魏距戰手所殺傷無數晨起手中忽有血數升其日遂戰死首見斬屍據案奔還軍然後僵仆盤龍子奉叔單馬率二百餘人陷陣魏軍萬餘騎張左右翼圍之一騎走還報奉叔已沒盤龍方食棄筯馳馬奮矟直奔魏陣自稱周公來魏人素畏盤龍驍名莫不披靡時奉叔已大殺魏軍得出在外盤龍不知乃東西觸擊魏

二年

魏進淮陽公尉元爲王

魏以臨淮王譚次子襲爵爲淮陽王（北史淮陽王譚傳）

魏攻朐山連

軍莫敢當叔見其父久不出復躍馬入陣父子兩騎縈攪數萬人魏軍大敗盤龍父子由是名播北國（南史周盤龍傳）

尉元鎮淮陽有功進爵爲王旋以元非宗室仍稱公（魏書尉元傳）

魏太和四年

口而城李安民頓泗口分軍應赴

三年 魏太和五年

吳平縣侯桓康大破魏軍於淮陽城（南史桓康傳）

四年 魏太和六年

八月魏東徐州蝗害稼是月復大水（魏書靈徵志）

武帝

永明元

正月詔青齊

年（魏太和七年）

光東徐四州戶運倉粟一十萬石送瑕邱琅邪復租算一年（北史孝文帝本紀）

東昏侯

永元元年（魏太和二十三年）

魏東徐州刺史沈陵帥宿預之衆降齊（齊書東昏侯本傳）

梁

武帝

天監四年

梁將蕭昺率

年（魏宣武帝正始二年）

梁進屠宿預（梁書蕭景傳）

五年（魏正始三年）

二月梁太子右衛率張惠紹拔魏宿預（梁書武帝紀）執城主馬成龍（梁書張惠紹傳）

八月梁將軍藍懷恭與魏都督邢巒戰於睢口敗績巒進圍宿預懷恭復於淸南築城巒與將軍楊大眼合攻拔之張惠紹棄宿預遁（魏書邢巒傳）（通鑑）

六年（魏正始四年）

魏宿預淮陽二城內附（梁書張惠紹傳）

是時魏淮陽鎮都軍主常邕和以城內屬（梁書武帝紀）

七年（魏宣武帝永平元年）

十月，梁詔北伐車騎將軍王茂率衆向宿預（梁書武帝紀）魏鎮東參軍成景儁斬宿預戍主嚴仲賢以城降梁（魏書）

十一月庚寅魏詔安東將軍楊椿率衆

攻宿預（魏書宣武帝紀）

魏邢巒分遣將帥致討兗州悉平進圍宿預平之（北史本傳）

魏東徐城人呂文欣殺刺史元大賓南引梁人（北史鹿悆傳）

於梁魏董紹視拘　武帝勞之曰若欲通好今以宿預還彼彼當以漢中見歸（北史董紹傳）

普通六年（魏孝明帝孝昌二年）

夏五月己酉梁築宿預堰（武帝本紀）

是年梁豫章王綜降魏魏乘勝取諸城戍至宿預而還（魏書安豐王猛傳）

大通三年（魏節閔帝普泰元年）

魏改封沛郡王欣爲淮陽王（魏書節閔帝紀）

五年

魏建義城主

蘭保殺東徐州刺史以下邳來降（梁書武帝紀）

魏孝武帝永熙二年

大同四年　八月甲辰梁詔赦東徐等州逋租宿責勿收今年三調（梁書武帝本紀）

太清三年　四月梁東徐州刺史湛海珍舉州降魏

魏孝靜帝

元帝

承聖二年（武定七年）
東方白額潛至宿預（梁書武帝本紀）

三年（北齊文宣帝天保四年）（北齊天保五年）
宿預人東方光據鄉建義

梁將東方白額潛至宿預詔段韶討之韶既敗嚴超達於涇州旋師宿預遣辯士喻白額白額開門請盟盟訖度白額終不為用斬之（北史段韶傳）陳高祖圍廣陵宿預人東方光據鄉建義乃遣曇朗與杜僧明自淮入泗應赴之齊援大至曇朗與僧明築壘抗禦尋奉命班師以宿預義軍三萬家濟江（陳書南康愍王曇朗傳）

東方光以宿預城降梁

光既以城降梁二月齊冀州刺史段韶討東方光韶使儀同敬顯儁堯雄示等圍守宿預（北齊段韶傳）三月齊將王球率梁七百攻宿預梁將杜僧明擊攻之（梁書元帝紀）梁將杜僧明胡穎助東方光不克退還（陳書胡穎傳）六月東方光開城降請盟執而斬之（段韶傳）

陳

宣帝

太建七年

陳將蕭摩訶隨吳明徹進

齊後主武平六年

十一年

周宣帝大成元年

圍宿預擊走齊將王康德（陳書蕭摩訶傳）

陳將吳明徹敗沒宿預陷於周（方輿紀要）

陳將吳明徹入寇呂梁徐州總管梁士彥頻與戰不利乃退保州城明徹遂堰清水以灌之列船艦於城下以圖攻取詔以上大將軍王軌爲行軍總管率諸軍赴救軌潛行於清水入淮口多豎大木用鐵鎖貫車輪橫截水流以斷其船路方欲密決其堰以斃

之明徹知之乃破堰遏退冀乘決水以得入淮比至清口川流已涸水勢亦衰船並礙於車輪不復得過軌因率兵圍而蹙之驍將蕭摩訶以二十騎先走得脫明徹與將士三萬餘人及器械輜重並就俘獲陳之銳卒於是殲焉(北史王軌傳)

周命楊素治東楚州事(隋書楊素傳)

楊素從王軌破陳將吳明徹於呂梁行東楚州事陳將樊毅築城泗口素擊走之夷毅

所築城（北史楊敷傳）

隋　煬帝	大業九年	下邳賊苗海潮擁衆抄泗，杜伏威移降之（新唐書杜伏威傳）
唐　高祖	武德四年	正月庚寅，徐圓朗陷泗州，總管李世勣敗圓朗，執之（唐書高祖紀）

太宗	貞觀三年	泗沂徐滁等州水	
高后		地生毛	或白或黑長者尺餘
德宗	貞元四年	地生毛	
	八年	淮水溢	是年六月淮水溢平地七尺沒泗州城刺史張伾治之自虹至維揚五百里逾年復常
宣宗	大中十二年	淮南大水	水發自徐州流沒數萬家
懿宗	咸通九年	糧料判官龐勛反十月徇	龐勛據徐州遣其將圍泗州都梁城據淮口淮南諸將軍

昭宗

陷宿遷諸縣（新唐書康承訓傳）

洪澤不敢進

十年

龐勛平

宿遷諸寨皆殺其守將降（通鑑）

龍紀元年

時溥據徐州

正月溥據徐州都指揮朱珍命其將龐師古攻下宿遷進軍敗時溥（五代史梁太祖紀）

乾寧四年

冬楊行密於清口壅淮水襲擊朱全忠

晉

高祖

天福四年

宿遷大水

周

世宗	顯德二年	汴渠日久湮廢是年十一月命武寧節度使武行德發民夫因汴水故堤疏導之東至泗上

宋

太宗	太平興國八年	五月河決滑州東南犇泗經宿遷入淮八月而復（宋史）

真宗	神宗	徽宗	高宗
天禧初年	熙寧九年	宣和四年（金太天輔六年）	建炎二
蝗不爲災（河渠志）	河決澶淵（宋河渠）	金徐宿邳軍馬都統王伯龍擊宋韓世忠於邳州與大軍會於宿遷（金史王伯龍傳）	冬東京留守
江淮大風吹蝗入江海或抱草木僵死（舊志）	淮爲河奪瀦於洪澤橫灌高寶諸湖江淮苦水（宋史河渠志）		

年	杜充決黃河自泗入淮以阻金兵（宋史高宗本紀）	
三年（金太宗天會七年）	金宗翰迎擊韓世忠世忠退宿遷	正月金元帥宗翰以大軍迎擊韓世忠世忠退至宿遷金人躡其後質明世忠奔沭陽（宋元通鑑）
	八月雨雪	
紹興六年（金天會十	韓世忠攻宿遷擒金將孛堇牙合	二月乙卯韓世忠攻宿遷統制呼延通與金兵戰敗之擒其將孛堇牙合（宋史高宗紀）

孝宗

二年		
十一年（金熙宗天眷二年）	和議成以淮水中流爲界（宋史高宗紀）	
三十年	淮水溢	夏淮水大漲中有赤氣如血連歲大旱（舊志）
隆興二年（金世宗大定四年）	知楚州魏勝及金兵戰於淮陽死之	魏勝知楚州詔勝同淮東路安撫使劉寶知爲鄆州軍劉錡措置盱眙軍楚州一帶勝專一措置清河口時議和尚未决金人乘其懈以舟載器甲糗糧自清河出欲侵邊勝

偵之身率忠義士拒於清河口金兵詐稱欲運糧往泗州由清河口入淮勝知其謀欲製之都統制劉寶以方議和不許金騎軼境率諸軍拒於淮陽自卯至申勝負未決金軍增生兵來勝與之力戰又遣人告急於寶寶在楚州相距四十里堅謂方講和絕無戰事迄不發一兵勝矢盡救不至獨依土阜為陣謂士卒曰我當死此得脫者歸報天

子乃令步卒居前騎為殿至淮陰東十八里中矢墮馬死時淮南未平詔於鎮江府鎮江口立廟仍俟事定更祠於戰沒處是年冬淮甸大雨水流民二三十萬凍餒疫死者半僅有還者亦死（宋史魏勝傳）

光宗　紹熙五年（金章宗明昌五年）

黃河南徙由雲梯關入海黃淮并為一瀆

八月河大決陽武故堤灌封邱而東下注梁山濼北派入濟南派入淮河道大變汲胙之流遂空

寧宗　開禧二

統領劉文藏

按是年冬金人戰船五百餘

年（金宣宗興／宗太九）

以兵犯金宿遷金邳州刺史完顏阿喜擊破之（金史完顏阿喜傳）畢再遇生擒烏古倫等二十三人

艘自淸口渡淮泊楚州淮陰間遂圍楚州旋犯眞州金人載糧三千艘泊大淸河畢再遇遣都統許俊間道趨淮陰夜二鼓銜枚至敵營各攜火潛入伏糧車間五十餘所聞哨聲舉火敵驚擾奔潰生擒烏古倫師勒蒲察元奴等二十三人（元史畢再遇傳）

	淮水溢江淮薦饑死者幾半（盱眙縣志）	
三年	江淮郡邑水（盱眙縣志）	
嘉定元年	大旱	八月大旱江淮間杯水數十錢渴死者甚衆（舊志）
三年	淮楚水民多溺死（淮安府志）	
十一年（金宣宗興定二年）	金置淮濱縣	以宿遷之桃園鎮置淮濱縣
	二月楚州鈐	泗州縣旋廢

轉梁昭祖焚金人糧舟於大淸口（宋史寧宗紀）

理宗

紹定四年（金哀宗正大八年）

五月李全妻楊妙眞以全陷沒於宋構浮梁楚州北欲復宋仇金遣合達蒲阿屯桃源界溆河口以備侵

金史白華傳楊妙眞以李全死於宋構浮梁於楚州之北就元乞師復仇朝廷覘之謂北兵渡淮與河南跬步遣完顏合達移剌蒲阿駐軍桃源界溆河口備之二相厭以軍少爲言而省院難之因奏桃源淸口蚊蝱湫濕不便養牧

景定元年

秋七月宋將焚浮梁（宋史度宗紀）

元世祖至淮甸下大清口

欲以暑月東行實無可圖之事且我之所慮特楚州浮梁耳姑以計圖之上遣白華以諭二相且往視可否二相怒朝省不發軍謂皆華主之欲擠之險地乃以小船令華順河而下到八里莊城門爲期曰此中望八里莊如在雲間省院端坐徒恃口吻令樞密親來可以相視華力辭不獲

度宗

（元世祖中統元年）咸淳元年

獲船百餘艘（元史特薛傳）

徐邳旱（元史世祖本紀）

（元至元二年）年

九月戊戌元敕江淮沿邊樹柵徐邳宿助役徒（元史世祖本紀）

（元至元六年）五年

徐邳等州蝗（元史五行志）

恭帝

年	事
八年（元至元九年）	元發徐邳二州丁壯萬人戍邳州（元史世祖本紀）
十一年（元至元十二年）	元置經略司於河南分兵屯田西起襄鄧東連淮口列障守之
德祐二年（元至元十）	元始置桃源縣（元史地理志）

帝號

祥興元年（四年）（元至元十六年）

元執宋宰相文天祥至桃源宿崔鎮

是年九月初三日文天祥至小清口初四日過桃源宿崔鎮初五日發崔鎮有紀行詩五章（其小清口云乍見驚胡婦相睽遇楚兵北來鴻鴈密南去駱駝鄉芳草中原路斜陽故國情明朝五十里錯記武陵行　桃源道中云漠漠地千里垂垂天四圍隔溪胡騎過貼地野雞飛風露吹青笠塵埃滿客衣若家白雲下都作北人歸　桃源縣云潛野百年久中原千里餘火煙新聚落山水倚生涯種姿十餘畝誅茅下百家我來行正健何處覓桃花　崔鎮驛及發崔鎮二章詳古蹟崔鎮下「指南後錄」）

元

帝	年	事
世祖	至元十七年	遣使求河源
成宗	大德元年	河水溢三月徐邳宿桃等州縣河水大溢漂沒由廬（元史五行志）
泰定帝	泰定元年	免徐邳等縣田租（成宗紀）河決大清口由小清河會淮

明

帝	年	事
太祖	洪武八年	河南山東及

	年	淮安大水（明史）	
成祖	永樂七年	潁州淮安揚州水	
英宗	正統二年	大霖雨河淮泛漲	四五月連雨河淮泛漲開封府徐州及鳳陽淮安揚州等處均大水
	三年	秋河決淮安邳州	南入洪澤湖桃源宿遷諸縣并罹水患
代宗	景泰四年	淮北大飢	淮以北大饑巡撫王竑竭力振之既而二麥將熟霪雨爲災竑冒雨露禱繼之涕泣雨旋霽（舊志）

英宗復位	天順元年	河湖泛溢	
憲宗	成化十三年	九月淮水溢淮安所屬諸州縣壞官民屋舍淹沒人畜甚衆	
	二十三年	九月桃源淸河盱眙高郵寶應興化六縣淮水爲患	
		鐘異	成化間有二鐘泝淮而上相盪水中聲如雷吼總兵陳銳

令有司祭之一鐘遂止今懸於郡舊城之朝宗樓是也其一止於泗上（按宿遷志作正統間有鐵鐘二浮河而下聲吼如雷民以水怪殺牲祭之一鐘去一鐘止紅入寺內）此兩事而互異或者兩地名有一浮鐘歟（舊志）今鐘在穿城玄帝廟別詳古蹟

武宗

正德三年	黃河冰結有文如桃樹樷藝巧於繪圖（江南通志）
七年	總兵彭澤等

流賊劉六等至淮屠刧焚掠

殲流賊劉六於狼山

桃邑土城不可遯官兵禱於城隍廟賊兵二至邑界若有所畏而不敢進先是前三年七月十九日陰雲佈合塵霧障天颶風怪雨大作淮河巨浪排空至是年此日風雨如前總兵彭澤陸完乘之以襲賊於狼山盡殲之（舊志）

十八年

秋東北大風霾晦數日水星貫斗牛（舊志）

世宗

嘉靖九

撤孔子像易

大學士張璁議毀天下學宮

帝	年	事	附注
	年	木主	夫子肖像易木主
	三十一年	淮水溢	民田均沙淤後三年又溢
穆宗	隆慶六年	河溢	七月二十一日黃河驟漲自徐至淮揚一夕丈餘下流悉成巨浸山清安鹽邳宿睢均被災桃源尤甚（舊志）
神宗	萬曆元年	淮水溢	五月十八日夜淮水暴發千里汪洋沒室淹田瀕河居民多溺死（舊志）
	二年	淮河並溢漂沒廬舍人多溺死（清河縣志）	

水火同入奎璧水逆行箕斗成勾已（舊志）

三年　河決崔鎮逆灌徐邳（方輿紀要）

六月霪雨風霾河淮並漲千里共成一湖居民結筏浮宿採蘆心草根以食（行水金鑑）（蕭志）

五年　河復決崔鎮宿邳清桃兩岸多壞（明史河渠志）

六年　總河潘季馴築歸仁堤明

年築馬廠陂隄（肆河渠）

九年　歲星守斗大熟（舊志）

十一年　河決黃堌口一支由虞城至宿遷出白洋河

十七年　熒惑犯心　沭安淸桃自二月來無雨至六月黃河水大發平地丈餘（舊志）

十九年　河淮並溢　七月暴風霪雨河淮泛漲山

二十年	淮浦禾雙穗(舊志)	淸安桃宿沭等縣平地水丈餘房屋牲畜漂溺無數(舊志)
二十二年	黃河溢百餘日(淮安府志雜記)	
二十四年	河溢 總河楊一魁疏請分黃便漕(詳河渠)	
二十九年	河決單縣南下洪澤桃源	

三十三年	河道悉淤木星順行守斗	山桃邑內自六月起大旱三月
三十八年	蝗水爲災	五月螽雨飛蝗蔽天六月大水
四十年	雨雹冬十二月雷河決徐州三山出白白洋河小河口（方輿紀要）	四月風雨雹大如碗鉢落地深數寸麥盡傷（府志）

帝系	年份	大事
	四十二年	大旱桃宿等縣赤地千里
光宗	天啓元年	河決靈璧雙溝黃鋪由永姬湖出白洋河小河口仍與黃會（明史河渠志）
	二年	雨雹大如鷄卵禾稼盡傷（舊志）
莊烈帝	崇禎五年	河溢宿遷等縣均被患
	十六年	流寇李自成

福王

十七年五月南都宏光元年（清順治元年）

決黃水灌汴都桃源河流淤塞運道艱阻（肆河渠志）

大司馬史可法進兵駐白洋河

黃河自復故

十月史可法開府揚州師次清江浦戊子舟次崔鎮進駐白洋河（明史）自宿遷以東緣河南岸築土壘（明史史可法傳）又於白洋河南豎欄馬河以阻清兵（訪稿）

二年（清順治二年）	道（河南通志）史可法以沈通明守白洋河自還揚州（按小腆紀年謂事在元年九月疑誤）
	正月十九日沛人閻爾梅來謁陳鎮撫髙兵策又極言河北虛實中原可圖宜選鋒銳渡河長征可法皆不能川遂留書而去（閻古古詩文集）

清

世祖		
順治二年	免本年稅銀十之一兵餉十之四	是時江南初定（按府志及舊縣志賑蠲一項明以前均不載今特記之）
六年	夏大水	水勢浩淼禾麥盡渰七八年亦如之（舊志）

海州巨寇李二和尚據穿城大肆焚掠民不聊生

七年 河決黃家嘴三岔以下水不及骭清舟不渡（清河縣志）

八年 桃源及如皋泰興等縣大水

十年 冬寒烈風沍寒冰雪塞塗四十餘日行旅斷絕（舊志）

十一年 免七年以上

聖祖

十三年 未完錢糧(府志) 蠲地畝人丁本折錢糧積欠在民者(府志)

十五年 大害兩河淮交漲(舊志)

十八年 旱災蠲田糧十之三(府志)

康熙元年 河決古城茅茨湖盡淤(舊志 縣志)

四年 河決徐升壩

六年

蠲免順治中積欠（府志）

河決烟墩（詳河渠志）

七月二十九日烟墩口決崔鎮于家塲俱潰城在水中一派汪洋人烟斷絕先是清河縣民忽見西北上水氣淼淼在半空內若有巨艦千帆蔽天而下者村市居民皆駭走知縣遣馬役偵之其時桃源以上猶平地也後二十餘日河水乃漲遂決烟墩等口矣是年八月間時届未申黄家

嘴一帶地方亦忽見大水瀰天自東而來人皆驚怖奔避上高阜猶覩船隻在天上往來數刻而消至明年四月果決黃家嘴（舊志）

七年　地震城垣盡圮（舊志）河決張家莊黃家嘴

河北三鄉皆淪沒

八年　黃泗河暴漲二麥盡渰（舊志）、免元二三年

正項錢糧緩欠在民者並蠲本年額征十之三（府志）

九年　河決陳家樓新莊口九里岡淮安等處大水地漕白米攤征有差仍錮起運改折十之三（府志）　水勢滔天歷久不息至冬冰集如山樹木廬舍皆碎裂死者遍野（舊志）

十年　河決七里溝

蠲免四五六年正項錢糧實欠在民者(府志)

十二年

新莊口既堵復決

蠲免地丁正項錢糧一半

以蘇松常鎮淮揚六府連年災荒除今年錢糧已經派撥兵餉外十三年地丁正項錢糧特行蠲一半(淮安府志)

十四年

被災田地停征(府志)

十五年 河決白洋河于家岡

蠲正賦錢糧十之三（府志）

十七年 大旱 郊生蝝食菽幾盡明年亦如之（舊志）

蠲停各屬地漕銀兩有差（府志）

十八年 蠲免十十一十二等年舊欠錢糧（府志）

十九年	淮安等縣大水蠲免錢糧十之三緩征漕銀	
二十年	免十三四五六七等年地丁民欠錢粮	
二十一年	流星見天鼓鳴	七月流星如毬高不過屋光芒四射照物皆見天鼓遂鳴者三（備志）
二十二年	免被災錢粮十之三	

二十三年	聖祖南巡免本年錢糧三分之一又經過之地方全免
二十四年	丁銀全免又免缺丁銀兩
二十五年	總河靳輔奏開中河（詳河渠志）
二十六年	南巡豁除江蘇各屬未完錢糧

二十七年	蠲免應征地丁各項錢糧免十七年以前未完銀兩麥米（以上詳府志）
二十八年	南巡駐蹕體仁集太平觀免除全省地丁錢糧（府志）
三十年	免輸漕米一半
三十一	旱免漕糧十

年	事	附記
年	之一免黃河兩岸被災田糧（府志）	
三十二年	南巡蠲免本年漕糧三分之一（舊府）	第三次南巡亦云在三十八年俟考是後四十二四十四四十六等年均南巡前後共六次
三十三年	淮河中河黃河相繼溢（舊志）蠲免逝堤廢柳占地	
三十四	免補征錢糧	

年

三十五年	河决龍窩	黃河驟漲巨浪滔天冲集龍窩口奇水漫溢城垣倉廒官舍民房盡遭蕩洗兩廊文卷悉附波臣（舊志）
三十六年	振淮屬飢民免淮安等處被災銀糧（府志）	
三十八年	歲大飢截留漕粮五千餘石於桃源等縣減價平糶	

三十九年

（續行水金鑑）
總河于成龍改中河北岸爲南岸別築北岸挑河建閘名新中河（詳渠河志）開老堤頭引河建祥符五瑞二閘（行水金鑑）冬十二月黃河淸二十餘

日上下百餘里（宿遷縣志）

四十年　免江蘇所屬地丁錢糧（府志）

四十一年　蠲除吳陵兩鄉淤沉田地入冬勘案停徵

四十四年　大雨　五月大雨六晝夜不息淮泗異漲房舍漂流秋禾盡淨（舊志）
振淮安飢民
免積欠（府志）

四十五年 豁四十三年舊欠銀米其已完在官者而見年錢粮未完者准扣抵免清河安東桃源淮安大河等縣衛地丁銀兩振饑民

四十七年 免通省人丁額征銀兩

四十八年　免通省地丁銀兩停追舊欠以淮揚徐三屬水災獨蠲免本年錢糧四十九年地丁銀糧一概豁免振飢民

五十一年　歲大饑免淮徐二府

	水災地丁銀 兩振飢民
五十二年	免全省所屬 地丁銀有差
五十三年	免淮安等處 地丁銀有差 仍振濟
五十四年	淮安等處水 災免地丁銀 米有差仍振 飢民
五十五	免淮安等處

年旱災州縣銀米有差截留漕糧振濟

五十六年免淮安等處被災州縣地丁銀有差振飢民

五十八年免清河桃源沭陽三縣淮安大河二衛地丁銀兩振清桃沭安鹽

等縣飢民（以上府志）

六十年　旱災麥枯饑粮振饑（府志）

六十一年　免淮揚十六州縣地丁銀兩緩征漕糧一半振飢民（府志）

改里爲圖　原編五鄉戶爲四十八里詔改爲壹百五十七圖後嫌圖多改爲四十八圖今仍之

自康熙順治兩朝桃源境內蓋無歲不被河患茲編略舉一二而於蠲賦振災則詳哉言之閱者互參之可以見當日民生之情况矣

世宗

雍正元年

開于家岡引河蠲江蘇康熙十一年至五十年未完地丁米豆蔗課等銀振淮安等府二十

三年

四州縣被水飢民（府志）邳州朱家口決黃水下注洪澤湖白洋河馬牙湖濫仁集一帶田地皆淹（縣志）總河齊蘇勒奏增輸桃源等五州縣田租由淮安衙

專管之(詳河渠志)

四年 黃河清上自府谷下至桃源二千餘里河水澄清七日而復舊(河渠紀聞)(舊志)

振淮安飢民免被災地方銀兩(府志)

鄉民劉國珩妻一產三男(舊志)

五年 水災免災田地丁錢糧

七年	總河尹繼善請裁淮安衛減桃源等五州縣田租	六月二十四五六等日風雨連綿晝夜不止西北山水暴發匯聚落馬湖漫入黃河浮堤越岸泛濫冲激房屋被圮秋禾沉沒（舊志）
八年	大水免本年錢糧已完者准作明年額征之	

九年

十年

數振濟（府志）

免桃源縣廢地銀兩（府志）

蝗不爲災夏西鄉柴林湖毛家集等處週遭數十里蝗蝻遍野厚數寸官民惶恐知縣畦文煥禱於三官廟蝗旋抱草木僵死當時喜爲神佑（歸畦文煥傳）

截留征米三萬石平糶（府志）

鄉民許國正妻一產三男

(舊志)

十三年	免在官在民積欠(府志)
乾隆三年	府屬旱免錢粮有差振飢民(府志)
四年	設桃園古城兩驛
六年	增築淸桃宿三縣黃河縷堤及格堤(高斌傳稿)(詳河渠志)

免淮安屬被災田地振饑民（府志）

九年　免清安桃被災錢粮振飢民

十年　免府屬被災錢糧有差振濟

十一年　免府屬被災錢粮振飢民

十二年　免淮屬被災

錢糧振濟（以上府志以下案缺）

十六年　高宗南巡閱視九里岡埽工（南巡盛典）

十七年　築六塘河土堰二道（詳河渠志）

二十六年　大水（河渠紀聞）（詳見河渠志）　是年江蘇巡撫莊其恭題奏被淹十三州縣而桃碭等縣連被水五年奉旨發帑一百六十萬兩留下江以備振濟（皇清奏疏）

三十六年	河決陳家道口（祥河渠志）
四十一年	南巡詔築煙墩汛至龍窩一帶堤工，又增築護城堤及月堤（續行水金鑑）
四十四年	挑濬臨河集陳家樓李家莊祥符閘等處正河（南河成案）

年	事
四十六年	挑濬臨河集至李家莊引河（阿文成公年譜）
四十九年	南巡駐蹕崔鎮
	挑濬顧家莊引河（河渠紀聞）
	夏夫子廟聖像流汗
五十一年	河決司工（詳河渠志）
五十四年	五月河溢睢

年	隋分渠由宿桃入洪澤湖（南河成案）
五十九年	免積欠
嘉慶元年	河決豐汎宿桃正河悉淤
三年	振飢民
五年	河涸（洋河縣志）
六年	免乾隆中民欠
九年	宿桃外河山

	海等廳河身乾涸（排河渠志）
十年	河淮並漲（清河縣志）
十四年	免除前借籽種
十六年	河決李家樓溢入洪澤湖振飢民（府志）
二十二年	免民欠（府志）
二十四	免民欠振飢

帝	年	事
	年	（府志）
	二十五年	振飢民（府志）
宣宗	道光元年	兩雹
	二年	振飢民貸籽種 振淮屬饑民 免嘉慶中民欠
	六年	大水振飢民
	八年	振飢民

十一年	水災蠲免緩征銀米振飢民
十二年	邑民陳端私決于工（詳河堤志）
十三年	大荒振飢民
十五年	免十年前積欠貸籽種
二十二年	河決楊工（詳河渠志）振災民
二十五	免民欠

年

三十年　歲大飢免民

欠

文宗

咸豐二一年　彗星見　日夕時見於天河東西光燄竟天夜明如晝

三年　廢漕運改由海道

五年　黃河北徙

六年　大旱地生猪毛

十年　捻匪李大喜陷縣城知縣　捻匪李大喜糾衆東下正月二十七日陷桃源城放獄焚

張朝珍棄城逃訓導王步雲罵賊死

署大肆擄掠知縣張朝珍棄城逃訓導王步雲罵賊合家被害賊遂東下破淸江浦是年劉天福自沭陽西行至雲家渡民練禦之死傷百數十人官軍扼運河而守賊焚其所掠衣物搶渡而去

十一年

捻匪攻撲臨仁集洋河遊擊張振西擊走之(徐海道册卷)

穆宗

同治元

捻匪李成復

李大喜子成復糾衆東下攻

年

糾衆東下總兵陳國瑞擊走之

清江浦不克遂東陷阜甯南犯汊河寶應總兵陳國瑞時爲遊擊率勇數百人擊之又檄將扼其他路賊偵之宵遁復據桃源之衆興鎭堅壁爲長久計日出肆掠復以數百人越境東掠安東阜甯又東至海濱北至沭陽麥秀盈郊居民大恐國瑞請益兵復配以礮船數十艘由運河駛赴衆興仰岸爲營晝攻夜刼水陸迭進賊懼而走鄉民堅

守圩受害不深亦兼得闞瑞之力也

四年 試行漕運 以軍需餘款購米三萬石試行河運至光緒十年復奉令停止

六年 總漕張之萬堅壁清野提督劉銘傳擊任柱殪之獲賴汶光匪平 粵匪賴汶光與捻匪張中兩任柱合五月東犯登萊沿海大擾淮上戒嚴漕督張之萬調兵北守六塘不足復益以客兵先是督帥李鴻章恐賊南竄議於運河岸下游之清河山陽寶應築長圩以爲限

知淮安府章儀林難其事言於張公公曰吾固守六塘也乃於督帥定計即六塘南岸築圩上自劉老澗下迄龍溝爲桃源淸河安東沭陽海州五州縣地凡長二百里有奇按先是桃源西南自吳家窪卜家湖邊起至洪澤湖邊之小街止已築長圩一道長十餘里以防泛匯計漕帥兵萬餘及督帥兵數千人連營四十里兵民合力版築之聲與賊壘相聞儀林實總其役凡四十日而蕆工

冬十月提督劉銘傳擊賊於贛榆大敗之殪任柱餘賊窮蹙思遁而西有重兵不得過南竄六塘游弋於沭陽西者良久十二月初七日夜半賊突至成家渡客兵守其地縱火而竄賊去大半矣皆僵凍有仆於道者或入人家乞薙髮者勁虜尚三千人擁賴汶光南竄我兵追之且殺且降至揚州之瓦窰鋪汶光騎騾揚州守兵得之以獻賊遂盡

德宗

光緒元年　游擊張振西破流賊孫懷五

流賊孫懷五寇掠宿桃二縣洋河游擊張振西出奇兵破之六月五日斬懷五餘賊就擒事平

三年　火異

正月初三日晚間驚聞火起或隱或現或高或低或急趨而中止瀰漫村墟居民驚駭疑爲盜火久之無甚消息始知爲鬼火又曰過陰兵今科學發明謂鬼火爲燐然燐何以作祟此乃索解人不得也

五年　剪辮妖異

夏秋間忽發生妖異之事時

十五年

西鄉人相驚以訛言

見狂風漩過小兒即失髮辮半截掠甚齊如剪焉同時民家夜間又有失去雞翼及尾者一時謠言四起人心惶恐半年始息

四月二十九日時値麥秋忽有亂信傳來承平日久西鄉人驟聞此言扶老攜幼急於避難即隴頭麥亦拋棄殆盡所過之處呼聲震地相率狂走越日始息問亂之由來以訛傳訛並未見一兵一卒眞

		怪事也
二十四年	大水災振飢民	淫雨爲災知縣孫友[illegible]請振災區並以工代賑挑程子河及砂礓河(詳河渠志)
二十五年	大疫	夏瘟疫流行死者相望六月初一日過小年爲儺以驅疫
二十七年	停武科	時鎗礮大興弓矢無用詔停止武科
三十一年	停文科	學堂既興詔自丙午科停止鄉會試
三十二年	歲大飢	淫雨彌月無麥無禾知縣孫裔年稟准本年銀米蠲緩冬

春兩眼發款三十餘萬由振委辦理義振由美善士查放三十三年春振後復設典地局川款十四萬餘定章秋季償還救活人民無算

三十四年

無雲而雷

籌辦諮議局選舉

猪生象、

治東民徐萬金家

宣統帝

宣統元年

元旦日食

春縣署後樓災

二年

創辦地方自治研究所（共辦三期詳教育志）

設立籌備自治事務所

孔道會成立

學官既裁文廟無人主持故特組織孔道會一則維持孔道一則主持文廟今春秋兩祭悉由孔道會長辦理焉

熒惑見

秋熒惑逆行入南斗兩月餘始沒

除夕大風雨

三年	雷電　夏太白晝見　秋九月光復軍起桃源知縣陳仕揚逃地方獨立	己午時見於西南方　秋九月十六日民軍起義江北十三協兵變掠清江浦潰至桃源之衆與鎮大掠而西

中華民國

中華民國元年	改川陽曆　改縣知事爲民政長	以宣統三年十一月二十三日爲中華民國元年一月一日

二年

無雲而雷
改桃源縣爲
泗陽縣（詳置城治革表）
泗陽縣臨時
議參兩會成
立
分原有五鄉
爲十市六鄉
市鄉議董兩
會成立
仍改民政長

三年

爲縣知事

縣署東廂災前清卷宗盡付一炬

鄒炎搗毀縣議會及學校書籍儀器盡焚之

解散地方各級自治

蛙徙

張勳據南京以其黨鄒炎爲泗陽縣令搗毀縣議會及高等學校焚燬書籍儀器淨盡入市者無長衣亦兵刦之餘威也

時袁士凱欲復帝制令各省解散縣議會及市鄉議會

春衆興夾堤蛙徙千百成羣

五年　水荒振濟　排隊東行經一晝夜始沒
官義兩賑約萬餘元由振委散放

城內始立耶穌堂　美人戴德明創辦泗邑有教
會自此始九年又於黃圩古八集三柯樹各設一所

七年　八月夫子廟聖像流汗　春大風晝晦降草種遍地厚者數寸時煙禁甚嚴自有此種之降人心惶惶一夕數驚

風降草種　後經兩山皆爲野草羣疑始

八年
九年
十年

正月元旦太陽內見黑子多日始沒
夏麥秀雙穗
春雨雹
日見紅色
匪陷衆興鎮等處

釋
四月風雹豐嗨禾麥盡掩次日大雨雹盡洗麥禾無傷
日紅異常旬餘復舊（按北京天文台推測日共七色因爲水氣所淹故僅見紅色是年秋果大水
時青紗障起匪徒糾衆數百人麕集泗境七月初八日夜

圍攻衆興鎮破之逕日間復破仁和鎮裴家圩崔家集等數十處

匪攻縣城

匪既破掠諸圩勢益張遂於七月十一日圍攻縣城旗幟人馬縱橫郊野夜半開始攻擊鎗礮之聲振動屋瓦天將曙匪見勢難取勝乃火東門外民房忽大雨如注匪益不支將遁城內警備隊取守勢城外防營取攻勢逕由東北隄邊亂塚間衝鋒轟擊匪死

傷甚多率衆逃去

湖水溢

匪亂稍平之後洪澤湖水大至日夜暴發東南一帶竟成澤國縣城四門已閉其三實爲泗邑未有之水災

十一年

十月初三日地震

振濟

夏熒惑逆行過南斗左側

除夕前一夜大雷雨

十二年

雨霾

夏四月雨霾海霧也常以五月至俗有五月初一開霧門之謠今以四月至災甚也霾落凝於麥穗間則現細粉分黃黑二色將熟之麥着黃霾無恙着黑霾則霉腐不可食即登場之後遭之亦不免黴諺又有黃霾收黑霾丟之語也

夏奉省令恢復地方各級自治

經江蘇省議會及上海自治聯合會多方力爭於六月間奉令恢復地方各級自治仍

以江蘇省暫行縣制及地方制為標準十年廢止一日振興共和真精神於茲復見是誠民國之幸也惟各市鄉自治經費籌無的款擬虛名而無實際為可惜耳

始行戶籍法

戶籍之法歐美各國均行之日本自明治變法以來亦力行之我國自古重版籍行之愈久遂等具文民國以來講求自治調查戶口皆各市鄉應為之事而戶籍法即寓於

其中將來市鄉制實行戶籍吏可去既省經費又易編查是所望於有地方之責者

十三年　甲子歲元旦立春

泗陽縣志卷三終

戴仁修 錢崇威纂

【民國】重修沭陽縣志

民國間抄本

沭陽重修縣志卷之十三

雜類志

祥異 辨訛 軼事 叙述 博物

東具載春秋野史稗官足

事之無可隸屬者曰雜類如天災歲變足占人事之雁常補闕拾

補紀傳之缺

非盡妖妄之詞夏五郭公猶見闕

遺借助他山之攻錯經籍志怪記亦搜神載筆供研求之價值後

文之美從於古今置宜稽益互見蓋剏始之考校易疏繼起之禮

以例前今可證古陳辭具博辨之師資況夏五郭公春秋猶留闕

栽淵源時勢然矣

憾往過來續標本通具淵源萃此數端書為一帙殿茲篇末庶足

以鏡得失悟方來或以年繫或年不具參校比例知之為知所不知者以俟君子

祥異

志祥異僅及水旱疫沴重人事也卿雲景星醴泉甘露影響疑似附會實多參秀兩歧何地蔑有本屬偶然之事决非瑞應之符至若日食星霣地震山崩欃槍橫空太白晝見異矣然各有由然學

者類能持之有故言之成理非有神焉主宰之而特以人事之朕兆示人是何祥也吉凶焉在齊國甘公之術淮南墜形之訓今既異於古所云矣猶必沿襲舊說因仍固陋奚為者不為災不書春秋之義顧竊取焉

元至元五年七月沂沭二河暴漲決隄防害田稼

明正德二年六七月亢旱蝝鼠害稼

嘉靖三年歲大饑人相食二十年大水二十四年蝗

隆慶三年大風拔木海嘯淮溢沭水溢涌民附木棲止多溺死五
年大水壞城郭平地行舟四十一年大水

萬歷元年四月二日大風雨屋瓦皆震三年河決秋禾盡沒十年
大旱蝗十六年饑冬無雪十七年春旱無麥至六月乃雨二十年
大風雨淮沭諸水並漲漂溺無算二十二年風霾蔽日久不雨二

十三年大饑三十四年霪雨平地水深丈餘蝗三十五年旱無麥
五月大雷雨風雹交作諸水皆漲三十八年旱蝗四十一年大水
四十三年春大雨雹殺禾夏蝗秋不雨人相食大疫
天啟元年蝗沭水溢溢二年五月雨雹大如鷄子四年五年大饑
六年蝗七年雨雹損禾稼
崇禎七年河決沭陽被水九年蝗害稼十三年饑十四年旱蝗大

疫十七年大疫

清順治十四年六月大風雨禾偃木拔廬民舍多壓死十五年十六年大水十七年十八年淮沭並漲魏正心河決詩西北蒙山水勢陡飛濤決向滄溟走怪蛟鼓鬣盪平沖萬頃桑麻成澤藪潰流白晝尚須防中宵哭至難施手攜啼老哭急逃生如鳥集木蛾緣阜風棲露處雨無衣仰天號地聲聲吼憶昔仲夏苦亢暘曾何涓滴沾隴畝蝗蝻食後旱魃遺猶望西成粗賦有豈知一旦付衡波南惟歎箕北歎斗亟將民瘼報上官可能借我天瓢否

康熙二年沭河四決西北水馱出沒有火光起波上平地水深丈餘四年大水鼷鼠害稼七月初三夜大風壞民舍五年大水淮沭交漲六年春大旱蝗食麥夏大水經冬不涸七年六月十七日戌時地大震城屋多圮地裂處砂湧水飛深者數十丈二十七日海湖大漲潰湖人家盡沒颶風決旬傷稼十年十一年大水十二年黃河決水由沭境入海沭水四溢以上俱本張志唐州志參魯一同邳州志

雍正八年秋山水暴發沂沭二河水高二十丈淹斃人民無算（呂文祥備理手記）

乾隆六年四月六日大雨淹麥七年春大饑多餓死（備理手記）十八年大水十九年沭河四決二十年二十一年大水三十五年蝗四十二年大旱野無青草四十六年蝗六月十九日大風海水入沭沭四決禾盡沒八月黃河決由六塘入沭沭水四溢東南各鎮民舍

漂没殆盡四十七年旱蝗害稼八月大霪雨沭河六塘俱溢四十八年旱四十九年五十年旱蝗五十一年春大饑道殣相望夏大疫秋蝗是歲麥大熟連荒農力彫敝亦無多獲五十二年蝗五十六年秋多雨沭河四決城垣西北角六十年夏秋多雨穀大貴嘉慶元年秋沭河四決没禾稼壞民舍歲饑民多流亡秋蝗食麥苗十月雨水淹麥十之三二年黄水由東省入沭東南境麥不播

冬疫三年黃水入沭沭水溢四年黃水入沭害秋禾毀民舍五年
冬旱六年蝗旱潦不調秋沭河六塘俱溢穀大貴七年旱蝗八年
麥半穫九年丹傷麥案丹之名無所據俟考小麥無穫十年旱十一年四月
二十八日大雨傷麥十之三黃水入沭冬旱十二年旱春禾失播
十三年春旱夏大水毀民舍十八年夏旱二十一年春饑穀大貴
道光二年饑六年水漂麥十二年旱蝗十三年大水大疫二十年

二十一年旱二十二年旱七月黄決楊工入沭按邑人張棣魁望亭自叙年譜云道光二十二年壬寅黄河楊工決口由沭陽入海州有沃壤衢為廢澤者有瘠鹵淤為膏腴者吾鄉田野一大變局也

二十三年黄水復來二十五年沭河四決二十七年黑丹傷麥三十年雹傷麥

咸豐元年雨水淹麥秋黄決入沭沭水四決二年大水三年大水大疫道殣相望四年雨傷麥五月大雨雹損民舍六年夏旱蝗八

年三月霜傷麥十一年雹損禾
同治元年蝗歲饑四年大水汾溢五年六月大風壞民舍雹雨四
十餘日六年水漂麥七年四月大風雨拔木覆屋汾溢復旱疫十
三年黄決河南侯家林
光緒元年秋大風高粱盡損二年夏大旱七年汾四決九年七月
大雨汾四決西關圩被冲覆民舍二十年蚜蝗食麥芒葉殆盡二

十二年夏大雨彌月麥登場多朽二十三年夏麥生蟲（俗名吸丘槃蟲）四
月初四夜大雨遍野巨浸無麥二十四年春大饑死者相枕四月
二十二日沂沭暴漲決數十處無麥夏秋多雨歲大饑多餓死二
十五年春大疫人死無算夏秋大熱三十二年四月二十日大雨
平地水深數尺夏秋多陰雨秋禾不登歲饑民多流亡
宣統元年沂沭交漲平地深丈餘西北境傷人畜傾廬舍無算二

年除夕大雷雨淹麥三年秋沂大漲七夕泳溢入城街心深三尺

北六塘決周碼頭傾廬舍無算

【康熙】宿遷縣志

（清）張尚元纂　（清）蔡日勁編

清抄本

祥異

孔子不言神怪而禎祥妖孽之言乃見于中庸之書天人感應理誠有之不可沒也宿之祥異可書者多矣一時競傳久則忘之其志者僅此耳累經續修竟無所益甚矣宿人之不畏于天乎追述舊聞補其缺畧掛漏之譏當有任其責者 尚元記

嘉靖庚申歲有白鹿遊于郊

隆慶己巳山東益都宋公伯華來知縣事政尚寬和明年田間麥秀有一本四岐至五岐者

萬曆三年四月二十八日知縣喻文偉勘荒至司吾地方鄉耆徐鉞等各持雙岐麥望車跪獻叩首而去四年五月内黑墩集鎮老韓得時等復持三岐四岐者滿把相與鼓舞歡躍曰此瑞麥也時民間有瑞麥歌曰我聞古昔兮麥秀兩岐張君為政兮樂不可支今茲樂土兮得三岐四岐兩見之斯仁政之左驗兮夫奚疑吾恐張君兮弗敢媲

正統間有鐵鐘二浮河而下聲吼如雷民以為水怪殺牲祀之一鐘竟去其一乃止邑人扛入寺内正德十五年主簿何澄縣諸縣樓

叩之不鳴澄怒擊以鐵鎚折一角竟不鳴是夜夢黑面巨人目澄怒曰爾何為折吾一支我必肢解爾以復是讐及寤大驚後澄追捕鹽徒至龍泉溝墜馬遂遇害或以為鐘之報云

正德甲戌忽訛言妖精某日當至及期果有物如白犬狀隱見不常好啖小兒畏銅鐵器壯者擊刀釜聚小兒衛之亦不能侵害凡數日始息

嘉靖庚戌二月七日夜半地震有聲几榻皆傾一春天雨土黃霧四塞群盜蜂起

嘉靖壬子夏大水無麥禾冬大飢人相食父鬻子夫鬻妻者以千數

嘉靖戊午十月二十三日大風雨龍見于野儒學廟廡俱傾合抱柏

樹盡拔

嘉靖癸亥四月大風雹五月地鳴九月桃復華

隆慶辛未秋九月雷未收聲桃復華野卉盡菲若盛春然

萬曆二年七月十五日大風雨屋瓦皆飛河水泛溢人畜死者不可勝紀至有舉室漂流而無存者　右皆萬曆丁丑喻公修志纂入其後百餘年屢經續纂未增一字

萬曆九年辛巳三月十九日大風雹傷麥禾通郡同災

萬曆十年有流火星光芒燭地七月風雨異常至八月猶甚人牛大疫

萬曆十六年戊子二月熒惑晝見守昴歲大飢先一歲大旱山東河

南江西同災客米俱絶
萬曆二十年壬辰河決狼旋磨臍二口蒙陰馬陵山水俱發邳宿一帶俱沉釜底
萬曆二十一年五六月間怪風猛雨海嘯河溢淮沭洳濛諸水會合衝決不可勝紀溺死人民無算
萬曆二十二年六七月大旱風霾蔽日
萬曆二十四年春夏霪雨蝗蝻大起堆積尺餘禾苗俱盡鄰封猶可惟宿為甚
萬曆二十八年庚子淮屬俱有收惟宿有春風為災
萬曆三十年三四月冰雹霖雨俱　河淮山水俱漲比壬辰水更大

萬曆三十四年四五月大雨海贛宿睢平地水丈餘飛蝗食稻穀六
七月霪雨為災哭聲震地
萬曆四十二年甲寅大旱海贛桃宿安鹽赤地千里次年春大飢
萬曆四十三年大旱草木盡死山東流民就食者數百萬人情大擾
天啟六年夏蝗蝻匝地堆積尺餘禾稼盡損鄰封海贛安沭猶甚七
月初九日黃河決匙頭灣倒漾入駱馬湖田廬淹没無算
以上皆自府志抄補以下俱新增
崇禎　年四月朔日大風雹縣城櫂圮數處壽聖寺西樓傾倒
崇禎十三年庚辰歲大飢人相食不敢獨出晚行山東流民死者無
數今城東地藏庵後係萬人坑

崇禎十四五年有鵽鳩來自北方群飛而南人捕食之甚多不可數計（是鳥一足三距毛腿）按鵽鳩大如鴿形似鴟雉鼠足無後趾岐尾一名鵽雉一名番雀又名突厥鳥見唐書

崇禎十六年癸未人家兵及鐵器至暮皆有火光初見皆驚怪後屢見遂以為常　又黃豆結實生斑狀如人首耳目口鼻俱全雖畫士不能及

順治四五年河決縣南羅家口民田俱淹歲飢米石至三兩八錢

順治十一年甲午黃河水涸褰裳可涉時荆隆口決全河北徙故也

順治十六年己亥大水歲大飢鬻妻子者甚衆

康熙四年七月初三日大風海嘯平地水深丈餘邑庠生員高光鳳

自安東歸舟中遥見水中有物如羊所向處水隨之行

康熙七年戊申六月十七日戌時地震有聲如雷自西北而東南官民房舍城垣寺觀傾倒殆盡百姓壓死甚多有一棺納二屍者自是一二日一震或三四日一震兩月餘方止

康熙十六年丁巳大水七月二十五日楊家莊口決潤數百大堵塞四年工始就布政司慕公入覲有微臣目睹一疏言甚詳

康熙二十二年癸亥十一月二十五日大雨震電

康熙二十三年甲子正月八日震雷而電

康熙二十六年丁卯蝗蝻遍野蝦蟆食之不為災亦前此所未聞者

康熙二十七年戊辰野鼠嚙苗害稼

康熙二十九年庚午旱蝗爲災稻絶種

康熙三十年辛未春大旱二麥無收

康熙三十五年丙子自五月二十五日霪雨至七月盡始晴山黄大漲平地水深數尺阻絶行人田禾室廬漂淌一空水逼縣堂班房皂河北磘灣堤上難民搭棚以居至七月三十夜風雨寒沍特甚衝淌淹没更慘雨止後數日堤曲秫地内積屍腐臭聞數十里大水奇災從前未見

康熙三十六年丁丑秋牛大疫死幾盡

康熙三十八年己卯秋霖麥不得種冬大雨雪束薪至十餘錢

康熙三十九年庚辰正月十三日雹雷大雨如注春夏霪雨連綿秋

七月初五日至初七三日夜大雨盆傾秋禾全没室廬傾倒者十
之九合邑大窘父老言飢荒甚前庚辰云
又十二月中旬黄河清二十餘日上下百餘里
康熙四十二年癸未治西河岸民房徑柱生枝　五月二十日夏甲
子烈風暴雨匝月不止立秋後大旱兩月稻菽俱盡
康熙四十三年甲申春大飢流移滿道山東逃荒就食者吃糟吞土
死者甚衆就宿而論本朝第一荒年
又李樹結黄瓜　自冬至夏無雨　秋旱稻無種
康熙四十四年乙酉秋霖兩月大豆無收小豆無種　十一月十二
日邑民劉文仕同妻　氏毆其父上官至死官慮株連者衆不欲

多費帑犢重責枷示兩月而死

康熙四十五年丙戌三月朔黄霧四塞日無光

【嘉慶】宿遷縣志

（清）丁堂修　（清）臧魯高纂

清嘉慶十八年（1813）刻本

重修宿遷縣志卷之六

祥異

象緯顯著時序推行變異偶呈祥災或應臺憲所司非方隅宜及也然而暘雨燠寒螟蝗水旱天時地產間有殊常豐歉攸關前事足鑒可或缺與爰採舊志府志祥異記摘而書之頗相出入稍加核正近百餘年則以流傳最確者繫載之志祥異

晉咸寧元年廣陵司吾下邳大風折木

大興元年東海彭城下邳（淩縣屬臨淮下相司吾 下邳國屬臨淮郡）四郡蝗蟲害禾豆

二年淮陵臨淮淮南安豐廬江等五郡蝗蟲食秋麥
五代晉天福四年大水
金大安元年黃河清自徐沛以下五百餘里
元至元二年旱蝗
大德元年二月河水大溢漂没田廬六月蝗
六年雨五十日
至大元年饑
泰定帝二年饑
明正德三年有異冰多如花樹樓臺圖畫之狀
正德九年忽訛言麻精某日當至及期果有物如白犬隱

見不常好啖傷小兒畏銅器響聲民家牽聚小兒擊……

鉦刀釜以衛之則不能侵害經數日始息蓋白眚也

嘉靖元年夏大水無麥禾冬大饑人相食

七年十月龍見大風拔木文廟圮

九年有白鹿見

十二年四月大雨雹五月地鳴九月桃李華

十四年睢河竭

十九年二月地震有聲黃霧四塞者屢

三十一年春大水

隆慶三年有瑞麥有三歧四歧者

四年有瑞麥時知縣爲山東益都朱公伯華有惠政人歸美焉

五年九月雷桃李華野卉皆發如春月河決小河口運道淤阻損漕船八百餘艘溺漕卒千餘人失米二十餘萬石

萬歷元年七月風雨壞屋人畜多傷大水有全家漂没者

三年有瑞麥出司吾鎮鄉耆徐鉞等獻於公庭

四年有瑞麥出黑墩里鄉民韓得時持獻時知縣爲南昌喻公文偉百姓歌詠比於朱公焉

五年河水嚙城知縣喻文偉遷城以避之

六年七月河水漲溢徐碭以下悉成巨浸縣境與邳州被
災尤甚
九年三月大風雨雹傷麥禾秋大水
十年秋風雨異常人牛大疫
十六年大饑多疫
二十年大水河决狠旋磨臍二口蒙陰馬陵山水俱盛漲
縣境及邳州被災極甚
二十一年六月大水縣境及邳州溺死人畜無算次年春
多以草根木皮爲食者
二十二年夏大旱秋風霾晝晦

二十四年春夏霪雨多蝗
二十五年河水涸運道不通始濬小河口以行運
二十八年多暴風爲災
三十年三月大雨雹四月大水
三十四年夏大水有蝗六七月霪潦彌甚
四十二年大旱饑
四十三年大旱大饑
天啟六年夏多蝗七月河决匙頭灣倒入駱馬湖淹没田
盧無算
崇禎四年四月大風雨雹城圮壞者數處

六年駱馬湖阻運
十三年大饑人相食山東流民死者尤衆有聚埋於城東
地藏庵後者遂名之爲萬人坑
十四年五月有鵽鳩來羣飛自北而南是鳥一足三距有
毛或捕食之○按鵽鳩大如鴿形似雌雉鼠足無後趾
岐尾一名寇雉一名番雀一名突厥鳥見唐書
十六年黄豆結實生斑如人首耳目口鼻皆備九月人家
金刃器具皆生火光
國朝
順治四年河溢羅家口歲饑米石三兩八錢

十六年大水歲饑

康熙元年河溢下古城茅茨湖淤塞

四年七月颶風大作發屋拔木河舟覆者無數

七年六月地屢震兩月方止

文廟縣城俱傾圮河溢蔡家樓

十一年河溢蔡家樓

十五年河溢二郎廟

十六年河溢楊家庄堵築四載工始就

二十一年河溢蕭家渡

二十二年河溢徐家灣十一月二十五日大風雷電

二十三年正月雷電而雪
二十六年蝻生遍野蝦蟆食之不爲災
二十七年野鼠齧苗害稼
二十九年旱有蝻爲災
三十年春大旱無麥
三十四年新運河溢車路口
三十五年大雷雨壞田廬皂河窯灣民移居堤上爲風雨
漂没者尸骸滿路新運河復溢車路口
三十六年牛大疫民間多無耕畜
三十八年秋大水麥不得播薪貴束十餘文

三十九年正月雷雹大雨春夏秋恒雨農事皆廢冬十二月河淸二十餘日上下百餘里

四十一年河溢竹絡壩

四十二年五月大風雨經月不止秋旱河西岸民家屋柱枯杉生枝

四十三年大饑民艱食有食糟呑土者

四十四年秋大水

四十七年大稔

五十五年大水有蝻

雍正八年大水河溢未家海子運河自楊家庄至仰化集

漫溢數處六塘沭河漲溢不辨涯岸
乾隆二十一年水歲饑
三十三年地生毛秋桃李華
三十四年有蝻秋禾無遺者
四十三年四月二十一日大風折木發屋雨雹大如拳
四十七年大水沭河六塘河俱溢
四十九年四月蝻食麥
五十年大旱大饑
五十一年春穀貴斗粟千錢大疫是歲麥禾皆稔
五十二年有蝻傷麥

五十七年大水
嘉慶三年沭水溢
嘉慶六年秋沭河六塘河俱溢
嘉慶十五年正月十七日大風赤色
嘉慶十八年五月十九日大風雨雹黑白參錯次日又雨
雹二十一日又雨雹

嚴型修　馮煦纂

【民國】宿遷縣志

民國二十四年(1935)鉛印本

宿遷縣志卷七

民賦志下 水旱蠲振 倉儲 善堂 附義冢

山陽魯一同之序邳志也曰民賦之詳水旱何也賦所從出也兼及祥異何也怪物妖眚不見於豐年矣蠲振及前代何也示不忘也王者德澤及於民則萬世賴之蠲及捐輸何也有善國乃有善民示勸也倉儲廢矣具虛數何也慮有備也君子於其民苟有利焉者非憚言之詳詞之複以稔後人水旱蠲振不復分類以時代爲次 於戲魯氏所述可謂知本矣本 朝二百年來國有凶荒蠲貸立沛雖飢不害光緒初元義振物與輔官力之窮民猶有所託命並附篇末爲後之恤民者勸焉

漢安帝永初元年正月戊寅稟司隸兗豫徐冀并州貧民（安帝本紀）九月癸酉調揚州五郡租米贍給東郡濟陰陳留梁國陳國下邳山陽（安帝本紀按是時宿地屬下邳）二年正月稟河南下邳東萊河內貧民（安帝本紀）四年四月司隸豫兗徐青冀六州蝗（安帝本紀東觀記）七年九月調零陵桂陽丹陽豫章會稽租米賜給南陽廣陵下邳彭城小陽廬江九江饑民（安帝本紀）

靈帝中平五年下邳大水（按本紀是年六月郡國七大水五行志是年郡國六水大出劉昭注引袁山松書曰山陽梁沛彭城下邳東海琅邪則是七郡也）

魏明帝景初元年九月淫雨冀兗徐豫四州水出（晉書五行志按是時地隸徐州）

晉武帝泰始四年九月靑徐兗豫四州大水（晉書五行志按是時地隸徐州）五年二月靑徐兗三州水遣使振恤之（武帝本紀）咸寧元年五月甲申廣陵司吾下邳大風折木　九月徐州大水（五行志）　三年九月靑徐兗豫荊益梁七州大水傷秋稼詔振給之（五行志）

惠帝元康二年六月荊揚徐兗豫五州水（五行志）　五年六月荊揚徐兗豫五州大水（宋書五行志）　八年九月荊揚徐兗冀五州大水（五行志）

永寧元年自夏及秋靑徐幽幷四州旱（五行志）

太安元年七月兗豫徐冀四州水（五行志）

元帝太興元年八月冀青徐三州蝗食生草盡至於二年（五行志）

二年五月淮陵臨淮淮南安豐廬江等五郡蝗蟲食秋麥（五行志按是時下相屬晉改屬淮陵國）

三年五月癸丑徐州及揚州江西諸郡蝗（宋書五行志）

宋明帝泰始五年　魏皇興三年　魏尉元表有神見於睢口詔於見所爲壇表記之（魏書靈徵志）

齊高帝建元四年　魏太和六年八月魏東徐州蝗害稼是月魏東徐州大水（魏書靈徵志）

武帝永明十一年　魏太和十七年六月丙戌魏主詔免東徐州租糧（魏書孝文帝紀）

梁武帝大同四年八月甲辰曲赦東徐等州逋租宿責勿收今年三調本紀按是時東徐州治宿預

唐玄宗開元二十八年十月以徐泗二州無蠶免今歲稅邳州志按是時宿境隸徐州

憲宗元和元年夏荆南及壽幽徐等州大水五行志

文宗太和三年四月宋亳徐等州大水害稼五行志

宣宗大中十二年八月徐泗等州水深五尺漂沒數萬家五行志

懿宗咸通四年七月東都許汝徐泗等州大水傷稼五行志

晉高祖天福四年大水府志舊志

宋太宗淳化三年河南府京東西河北河東陝西及亳建淮陽

等三十六州軍旱五行志按是時宿境屬淮陽軍

眞宗咸平二年春曹單等州淮陽軍旱五行志

金衛紹王大安二年徐邳州河淸五百餘里本紀

宣宗興定三年七月籍邳海等州義軍及脅從歸國而充軍者人給地三十畝有力者五十畝仍蠲差稅日支糧二升本紀按是時宿地屬邳州五年十一月詔蠲徐邳宿泗等州逋租本紀

元光二年詔歸德徐邳宿泗等州及新地民免差稅三年見戶一年嘗供給邳州者復免一年之半本紀

元世祖中統三年詔安撫徐邳民禁征戍軍士及勢官無縱畜牧傷其禾稼桑棗本紀按是時宿遷縣幷入邳州

至元二年徐宿邳旱蝗（五行志）六年邳州饑（五行志）十七年五月漣海邳宿蝗（五行志按九年復立宿遷縣屬邳州）

武宗大德元年三月歸德徐邳宿遷等州縣河水大溢漂沒田廬（五行志）是年免徐邳等州縣田租（本紀）六月歸德徐邳州蝗（本紀）六年五月歸德府徐州邳州睢甯縣雨五十日沂武二河合流水大溢（五行志）

武宗至大元年饑（舊志）二年七月徐州邳州饑（五行志）十一月以徐邳連年大水百姓流離悉免今歲差稅（本紀）三年十月山東徐邳等州水旱以御史臺沒入贓鈔四千餘錠振之（本紀）四年六月徐邳諸州水給鈔振之（仁宗本紀）

泰定帝泰定二年三月徐邳等州饑（五行志）四年十二月邳宿二州雨水（五行志）

明宗天歷二年四月曹冠徐邳諸州饑（五行志）六月徐邳二州大水（五行志）

文宗至順元年四月徐邳曹冠等州饑（五行志）

順帝後至元六年正月邳州饑振米兩月（本紀）

明太祖洪武三年三月蠲邳州租（明史稿）

成祖永樂元年淮安徐州饑（五行志按宿遷縣於洪武十五年割隸淮安府邳州）十年命御史賑邳州水災（通典引明典彙）十二年正月發山東山西河南及鳳陽淮安徐邳民十五萬運糧赴宣府（本紀）

仁宗洪熙元年四月帝聞淮徐民乏食詔免今年夏稅及秋糧之半（本紀）

宣宗宣德九年二月振鳳陽淮安徐州饑（本紀）

英宗正統七年淮鳳徐等州五月至六月淫雨傷稼（五行志）八年邳海二州陰霧彌月夏麥多損（五行志）

景帝景泰三年淮徐大饑死者相枕（五行志）五月免山東及淮徐水災稅糧（本紀）四年五月發淮徐倉振饑民（本紀）十一年至來年孟春淮徐大雪數尺（五行志）

英宗天順元年夏淮安徐州大水（五行志）七年淮鳳揚徐大雨傷二麥（五行志）

憲宗成化十二年八月淮鳳揚徐俱大水（五行志）孝宗宏治八年四月乙亥泗邳雨雹深五寸殺麥及菜（五行志）十四年四月徐州清河桃源宿遷雨雹平地五寸夏麥盡爛（五行志）武宗正德三年淮安至宿遷冰紋如花樹樓臺閣鼓之狀（江南通志）九年有物如白犬隱見不常數日息（舊志）世宗嘉靖元年夏宿遷大水無麥禾冬大饑人相食（舊志）七年十月龍見大風拔木文廟圯（舊志）八年淮揚等五府徐滁等三州皆饑（五行志）九年白鹿見（舊志）十二年四月大雨雹五月地鳴九月桃李華（舊志）十四年睢河竭（府志）十九年二月地震有聲黄霧四塞（舊志）三十一年春大水（淮安府志）三十二年正月戊寅朔遣刑部左侍郎

吳鵬振徐邳等州（世宗實錄）三十三年淮安徐州旱（五行志）四十三年部議淮徐災傷漕糧改折宿遷準改五分（續文獻通考）四十五年淮徐饑（五行志）

穆宗隆慶二年十月振淮徐饑（本紀）三年有瑞麥秀至三四歧（舊志）四年有瑞麥（舊志）五年九月雷桃李華野卉皆發如春月河決小河口損漕船八百餘艘溺漕卒千餘人失米二十餘萬石（舊志）六年七月黃河暴漲一夕丈餘邳宿睢被災尤甚（淮安府志）

神宗萬歷元年七月風雨壞屋人畜多傷水大出有全家漂沒者（舊志按淮安府志作二年七月十五日無他書可考）二年八月淮安徐州河溢傷稼（邳州志）三年有瑞麥出司吾鎮（舊志）八月免淮徐被水田租（本紀）四年瑞

麥出黑墩里（舊志） 是年河決宿城遷治避之（明史河渠志舊志作五年今從明史） 六年七月河水瀰溢徐碭以下悉成巨浸縣境與邳州被災尤甚（舊志） 九年三月大風雨雹傷麥禾（舊志） 四月振淮徐災（本紀） 秋大水（舊志） 十年秋風雨異常人牛大疫（舊志） 十六年大饑多疫（淮安府志） 二十年河決狼旋磨臍二口蒙陰馬陵山水俱發邳宿俱沈釜底（淮安府志） 二十一年六月邳宿大水溺死人畜無算巡撫請留南糧振之（淮安府志） 二十二年夏大旱秋風霾晝晦（舊志） 二十四年秋夏霪雨多蝗（舊志按霪雨卻不應蝗舊志所載如此姑仍之） 二十五年河運水涸（舊志） 二十八年暴風爲災（舊志） 三十年三月大風雹（舊志） 四月大水（淮安府志） 三十四年夏大水有蝗六七月霪雨彌甚（淮安府志） 四十一年邳沭大水（淮安府志） 四

十二年大旱饑舊志四十三年大旱淮安府志大饑舊志按五行志作淮徐饑四十
四年以淮徐饑蠲振有差本紀
熹宗天啓六年夏蝗七月河决匙頭灣漲駱馬湖淹沒田廬無
算舊志
莊烈帝崇禎四年四月大風雹壞城垣舊志五年八月河溢宿遷
被災命撫按議振䘏崇禎長編六年駱馬湖溢阻運舊志十三年大饑
人相食舊志十四年五月有鵋鳩一足三距羣飛自北而南舊志按淮
安府志作十五年十六年黃豆實如人首耳目口鼻皆備九月地震僉
刃多生大光舊志
國朝　世祖順治二年蠲本年稅糧十之七兵餉十之四江南通志

四年河溢羅家口米石三兩八錢舊志十三年普蠲地丁本折錢糧逋欠在民者江南通志十六年大水歲饑舊志是年普蠲十五年未完錢糧江南通志

聖祖康熙元年河溢下古城茅茨湖淤塞舊志四年六月至七月雨澇淮安府志七月大風發屋拔木河舟覆者無數舊志是年普免順治十六七八年逋租其十五年以前一體蠲除江南通志七年六月地屢震兩月始止文廟縣城俱圮河溢蔡家樓舊志八年蠲免元二三年逋租江南通志十年蠲免四五六年逋租江南通志十一年以江南省水旱頻仍停徵九年分攤米折銀並停徵九年以前未完錢糧江南通志十二年以淮揚六府災困蠲免本年地丁錢糧一半

江南通志十四年河決蔡家樓淮安府志作十一年按舊志十五年河決白洋河于家岡行水金鑑十六年河溢楊家莊舊志十七年以水災蠲停各屬丁漕銀兩有差江南通志十八年二月淮徐災荒河臣靳輔奏留漕二十萬石濟工振靳文襄公治河書是年以旱災免十十一十二年民欠錢糧江南通志駱馬湖淤山東運河備覽十九年開阜河叉開張莊運口山東運河備覽二十年淮徐水督臣慕天顏疏請振卹是年普蠲正賦銀兩十二月免十三四五六七年地丁民欠錢糧江南通志二十一年六月河溢徐家灣蕭家渡行水金鑑按舊志作二十二年二十二年十一月二十五日大風雷電舊志二十三年正月雷電而雪府志九月普免明年所運漕糧三分之一又十三年至二十二年逋租自二

十三年帶徵江南通志二十四年十一月免宿遷縣二十四年下半年二十五年上半年地丁錢糧江南通志二十六年宿遷蝗蝝徧野蝦蟆食之不為災淮安府志十一月豁除今年逋欠並蠲免明年應徵錢糧江南通志二十七年三月蠲免十七年未完漕銀米麥江南通志是年野鼠嚙苗害稼舊志二十八年聖祖南巡幸宿遷蠲豁民欠錢糧屯糧蘆課米麥豆雜稅江南通志二十九年旱有蝝為災舊志三十年春大旱無麥舊志十二月命自三十一年始蠲各漕米一年又賑濟宿遷饑民江南通志三十四年新運河溢東路口舊志三十五年潘南壩川處皂河溢淹民居隄上風雨漂沒遺骸蔽野淮安府志新運河復溢東路口舊志是年賑濟饑民江南通志三十六年正月

蠲免淮徐被災錢糧（江南通志）賑濟淮徐饑民（江南通志）是年牛大疫民間多無耕畜（舊志）三十八年聖祖南巡幸宿遷免徵三十四五六年逋租雜稅又於宿遷截留漕米五千五百石較時價減糶（江南通志）秋大水麥不得播薪貴束十餘文（舊志）三十九年正月雷電大雨春夏秋恆雨農事皆廢（舊志）冬十二月河涸二十餘日上下百餘里（淮安府志）四十年普蠲四十一年地丁錢糧（江南通志）四十一年河溢竹絡壩（舊志）四十二年五月大風雨經月不止（舊志）秋旱無禾（淮安府志）河西岸民家屋柱枯杉生枝（舊志）四十三年春大饑流亡甚衆（淮安府志）秋七月蠲免淮屬輕賫銀並贈米又賑淮屬饑民（江南通志）四十四年秋大水（舊志）四十五年十月普免四十三年以前未

完丁糧（江南通志）是年大水有蝝蠲免丁銀仍賑（舊志）四十六年十月普蠲銀米並賑又普蠲明年丁銀（江南通志）四十七年大稔十月普蠲四十八年地丁其舊欠銀米暫停追取（江南通志）四十八年淮南四月賑給淮徐饑民並以水災全免本年錢糧又免四十九年地丁銀（江南通志）五十一年十月普免五十二年地丁銀並免徵舊欠又普免五十三年房地租稅銀是年以淮徐水災免徵本年地丁銀仍賑饑民（江南通志）五十五年宿遷縣水災有蝗（淮安府志）

世宗雍正元年普蠲康熙十一年至五十年逋租雜課（江南通志）二年六月蠲免康熙四十六年至五十年舊欠銀米（江南通志）三年六月河決宿遷被水（續行水金鑑）賑濟饑民（江南通志）四年四月決河復溢

（續行水金鑑）賑濟饑民（江南通志）十二月黃河清自陝西歷徐邳至桃源始十六日癸酉迄二十三日庚辰凡八日（皇朝通典）八年大水河溢運河六塘沭河皆漲不辨涯岸（舊志）八月按災分數蠲免漕糧十二月賑給饑民（江南通志）十三年九月民欠錢糧在十二年以前者一併寬免並豁免漕項蘆課學租雜税等銀又免十二年以前錢糧耗羨及帶徵緩徵漕項銀米並未完河銀快丁銀遺船等項（江南通志）

高宗乾隆元年豁免宿遷報陞淤地額徵銀其雍正十三年淤地未完錢糧亦免徵收（戶部則例）四年夏雨澇傷禾稼民饑詔發粟賑卹（徐州府志）十年晉免江省十一年地丁錢糧（戶部則例）十五年賑宿

遷被水饑民（南巡盛典）十六年正月普免江省自元年至十三年積欠地丁銀二月免徵宿遷上年借出籽種銀兩並賑宿遷（南巡盛典）二十一年水歲饑（通志）二十二年以南巡凡經過州縣蠲本年地丁十之三又普免二十一年以前積欠地丁銀又普免十年以前積欠漕項銀米及地漕耗又次以徐屬宿遷等州縣水患加展賑期截留漕糧以資借糶並免積欠籽種口糧（南巡盛典）二十七年以南巡經過州縣蠲本年額賦十之三又普免二十二年至二十六年災田緩徵及未完地丁銀又以宿遷歲收多歉酌借籽種（南巡盛典）三十年普免二十五年以前至二十八年因災未完及出借各等款又以南巡經過宿遷一帶陸路諸縣特免本年

額賦十之五（南巡盛典）三十一年蠲免徐屬三十二年應輸漕米（戶部則例）三十三年地生毛秋桃李華（舊志）三十四年蝗秋禾無遺者（舊志）三十五年蠲免江省三十六年地丁錢糧（戶部則例）三十六年七月河溢支河口大隄（河渠紀聞）四十二年蠲免江省四十三年地丁錢糧（戶部則例）四十三年四月二十一日大風折木發屋雨雹大如拳（舊志）蠲免徐州府屬四十五年漕糧（戶部則例）四十七年大水沭河六塘河俱溢（舊志）四十九年四月蝗食麥（舊志）五十年大旱大饑（舊志）五十一年春穀貴斗粟千錢大疫是年麥禾皆稔（舊志）五十二年有蝗傷麥（舊志）五十四年河溢決睢寧由宿遷入洪澤湖五十五年命本年應徵錢糧按年輪免（戶部則例）五十七年大水（舊志）五十九年

蠲免徐州屬六十二年漕糧並免積欠銀穀戶部則例六十年蠲除六十一年應徵錢糧按年輪免又蠲宿遷等十州縣未完水利河道隄堰銀兩又免宿遷等六州縣六十一二三年等應攤徵修王平莊壩工銀兩戶部則例

仁宗嘉慶三年沭水溢舊志四年普免乾隆六十年以前緩徵地丁耗漕及民欠籽種口糧漕糧銀米等項戶部則例六年秋沭河六塘河俱溢舊志十四年普免民借籽種口糧牛具等銀兩戶部則例十五年正月十七日大風赤色舊志十八年五月十九日大風雨雹黑白參錯次日又雨雹二十一日又雨雹舊志二十一年饑同治志二十三年普免民欠銀穀戶部則例

宣宗道光元年正月大雨河溢四月雹傷禾稼饑（同治志）二年饑賑（同治志）六年饑（同治志）十年閏四月地震十二年秋大水冬大饑人相食十三年春大饑疫（以上均同治志）十五年普免十年以前民欠錢糧及帶徵銀穀並民借籽種口糧牛具又漕項蘆課學租雜稅等項（戶部則例）是年蝗（同治志）十七年五月大風發屋折木燕雀多死順鄉雹傷禾（同治志）十九年麥秀不實以穗秕種及時猶能生苗二十年夏大旱豆禾盡枯順鄉汪氏柳夜常有光雷擊之木內道闊處光如熾炭數日乃滅地生蛛網賀某家驢生駒二首一身經宿死二十一年夏大旱地生黑刺如豕毛二十二年秋民間地印錢形肉好皆具二十四年秋運河決張家谿水及縣

治東街之半以上同治志 二十五年普免二十年以前民欠錢糧及帶徵銀穀並民借籽種口糧牛具又漕項蘆課學租雜稅等項戶部則例 是年大水河湖爲一壞民廬舍無算同治志 二十六年春正月大風拔木夏麥秀雙歧六月地震二十七年九月地震三十年秋地震黃豆如人而形眉目口鼻皆備

文宗咸豐元年春地復印錢形三月地震秋河決碭山東溢六塘河潰南岸仁鄉被水尤甚駱馬湖溢蠲租數年是年免道光二十九年以前民欠丁田正耗銀兩二年大水民居漂沒無算冬桃李華十一月地震是年有賑三年二月黃霧晝晦三月地震既望又震竹有花多枯死大饑疫人死相望夏六塘河決四

年春霪雨傷麥夏六塘河決五年四月大水運河淤阜河鎮民
居漂沒無算七月六塘河兩岸俱溢龍見亦家河六年春饑夏
旱蝗冬民閒豕生一物一首二身七年春饑仰化集麥秀十三
歧八年三月隕霜傷麥五月大風雨龍見於順鄉沙河九年正
月夜半有光如火二月地震夏麥有秀至四五歧者十年有蝗
飛鳥食之不爲災六月大雨水十一年三月沭河兩岸隕石數
十聲如雷夏雨雹損秋禾
穆宗同治元年二月陰霾大風是年饑有蝗免咸豐九年以前
民欠丁田正耗銀兩四年正月十三日大風雷電雨雹繼以霰
雪大水沭河決仁鄉葉氏莊壞民居冬十二月雷雨龍見東方

五年大風壞民廬舍多壓死者霪雨四十餘日六塘溢六年春饑夏疫仁北鄉被水有賑七年四月雷電大風雨拔木發屋運沭諸河溢九月地震是年免六年以前民欠丁田正耗銀兩九年夏大風龍見埠子集大木盡拔仁鄉周某家牛產物似麟十年冬牛大疫十一年春監生杜某家產貓三足鴨一足夏六月又產豬二足十二月大風雪壞運河舟樹十二年五月吳某家豕生一物似象經宿死八月河決山東石莊戶下注運河六塘俱大水十三年八月大水運河六塘河溢桃李華（以上均同治志）

德宗光緒元年三月順鄉王某家豕生象旋死夏旱秋大水歲饑減租四成二年夏旱蝗秋大水歲饑減租六成三年春旱饑

斗米千錢五月大風拔木秋大水減租四成九月桃李華五年

春黄霧蔽天不辨咫尺六年秋七月大水六塘北岸决馬樓西

南七年秋大水沭河溢溯河民居多漂没九年夏四月淫雨夜

有物如電色白長十許丈闊二丈縱横天半隱見不常數夕始

滅秋大水運河决湖河爲一歲饑減租六成以上均采訪册十年以慈

禧皇太后五旬萬壽奉上諭蠲同治十一年至光緒五年民欠

正雜各税銀八萬一千七百七十六兩七錢八分二釐縣牘十一

年九月二十七日星隕如雨采訪册十二年冬十二月十六日雪

明年正月初七日始止采訪册十五年夏大水是年以大婚典禮

奉上諭蠲光緒六年至十三年民欠正雜各税銀二萬三千三

百二十一兩八錢九分四釐縣牘十六年夏五月運河決水自黑魚汪逆流入郭壞葉家埜豬市等處民居無算十八年夏旱有蝗不為災冬十二月雷雨繼之以霰雪二十年春三月星隕如雨秋九月桃李華是年蝗害稼二十二年夏五月大風拔木張某家鴨生三足秋冬大水沂運溢龍一日十二見黃墩湖水深數尺二麥盡沒二十三年秋大水沂運溢歲饑有振二十四年春大疫夏大水湖河為一二麥盡壞歲大饑人相食蠲貸有差冬振二十五年夏疫歲大稔二十七年春二月大風拔木二十八年夏大雨雹平地盈尺壞禾稼人畜無算三十二年夏大潦雨自四月至於八月二麥登場盡爛運沂沭六塘諸河並決冬

大饑有賑三十三年春饑有賑秋大稔三十四年夏四月大風發屋拔木壞河舟甚衆（以上均采訪冊）

宣統帝元年春地生白毛長尺許夏旱蝗是歲以登極蠲光緒十四年至三十三年民欠正雜各稅銀二十一萬五千三十三兩一錢一分四釐（縣牘）二年夏霪雨運河六塘河俱決歲大饑有賑冬十二月歲除夜大雷雨（采訪冊）三年夏秋大水運河決乾車頭黃墩駱馬兩湖災蠲賑有差（采訪冊）

救災捍患前史侈爲美談然旱乾水溢民之顛連無告者繁不勝紀太倉之粟寧能徧濟則勸分尚已邑有雄於貲者出其有餘佐縣官之不逮小則旌門閭大則錫章服所以風厲黔首也

在樂善者本不責報亦有不責報而報竟不及者其義愈可嘉已茲列自明以來輸粟濟民者於後里多善人亦邦家之光也

明

蕭選字揀夫正德辛未兵亂人多溺水選乘舟力救十餘人嘉靖癸未大饑選煮粥賑之隆慶初學宮頹選輸財倡修舉鄉飲賓年八十賜爵一級

高棠字思仁性純厚事母孝飲食必親嘗敬叔愛諸弟財不入私室好施與貧不能葬者助之貸不能償者焚其券宏治間出粟助振賜七品官

季官性淡泊力田致富萬歷間歲比不登施粥振饑以爲常死

（清）王錫元修　（清）高延第等纂

【光緒】盱眙縣志稿

清光緒十七年（1891）刻本

祥祲

舊志紀災祥謂春秋所書水旱螽螟雨霜星隕之異謹天變恤民隱君子以爲有懼心焉盱眙匯淮湖衆流自洪甾滲漉以來五行之乖沴多矣茲特循而賡之又加詳焉瓠子不塞二瀆並流事有先幾謹著其始

漢武帝元光三年夏河決濮陽瓠子注鉅野通淮泗汎郡十六資治通鑑　胡注決河之水由鉅野以入泗水由泗水以入淮也　通鑑輯覽注此黃河通淮之始

魏明帝景初元年九月徐州大水資治通鑑　胡注徐州統彭城下邳東海

瑯邪廣陵臨淮

晉武帝泰始四年九月徐州大水資治通鑑

武帝咸寧元年九月徐州大水晉書五行志

咸寧三年十月青徐兗豫荊益梁七州大水晉書五行志

武帝太康二年二月庚申淮南地震宋書五行志

太康五年秋淮南平原霖雨暴水霜傷秋稼晉書五行志

太康六年十二月甲申朔淮南郡震電宋書五行志

惠帝元康五年五月潁州淮南大水宋書五行志

惠帝永寧元年自夏及秋青徐幽并四州旱晉書五行志

惠帝太安元年七月徐州水宋書五行志

元帝大興元年七月東海彭城下邳臨淮四郡蝗蟲害禾豆宋書五行志

大興二年五月淮陵臨淮淮南安豐廬江諸郡蝗食秋麥宋書五行志

元帝永昌元年淮泗民訛言蟲食人按宋書五行志永昌元年大將軍王敦下據姑孰百姓訛言行蟲病食人大孔數日入腹入腹則死治之有方當得白犬膽以爲藥自淮泗遂及京都數日之間百姓驚擾人人皆自云已得蟲病又云始在外時當燒鐵以灼之於是翕然被燒灼者十七八矣而白犬暴貴至相請奪其價十倍或有自云能行燒鐵者賃灼百姓日得五六萬憊而後已四五日漸靜說曰夫裸蟲人類而人爲之主今云蟲食人言本同臭類而相殘賊也自下而上明其逆也必入腹者言害由中不由外也犬有守禦之性白者金色而膽用武之主也帝王之運五霸會於戊戊主用兵金者晉行火燒鐵以治

疾者言必去其類而來火與金合德共拾蠱害也案中興之際大將軍本以腹心受伊呂之任而元帝末年遂攻京邑明帝諒闇又有異謀是以下逆上腹心內爛也及錢鳳沈充等逆兵四合而爲王師所挫踰月而不能濟北中郎將劉遐及淮陵內史蘇峻率淮泗之衆以救朝廷故其謠言首作於淮泗也朝廷卒以弱制強罪人授首是用白犬膽可救之效也

孝武帝太元十九年荆徐大水傷秋稼　晉書五行志

太元二十年荆徐大水　晉書五行志

安帝義熙中東陽人莫氏生女不養埋之數日於土中嗁取養遂活　晉書五行志　按宋書五行志莫氏作黃氏

宋文帝元嘉九年春京都雨雹溧陽盱眙尤甚傷牛馬殺禽獸　宋書五行志

元嘉十九年南兗州旱宋書五行志

元嘉二十年南兗州旱宋書五行志

元嘉二十九年五月盱眙雨雹大如雞卵宋書五行志

孝武帝大明四年南徐南兗州大水宋書五行志

明帝泰始季年淮水竭南史明僧紹傳其時紹竊謂其弟曰昔伊洛竭而夏亡河竭而商亡三川竭而周亡夫有國必依山川以為固山川作變不亡何待竟如其言

齊東昏侯永元元年秋七月辛未淮水變赤如血宋鄭樵通志

梁武帝天監六年三月春水生淮水暴長六七尺梁書曹景宗傳

天監十四年冬寒甚淮泗盡凍梁書康絢傳

天監十二年淮堰破緣淮城戍林落十餘萬口皆漂入海宋鄭樵通志

武帝普通元年七月己卯江淮海並溢梁書武帝紀

北齊武成帝河淸三年淮水溢淹廢濟陰城宋太平寰宇記

隋煬帝大業十三年天下大旱元馬端臨文獻通考泗虹志是年大旱淮無魚

唐太宗貞觀三年秋貝譙鄆泗沂徐濠蘇隴九州水新唐書五行志

貞觀八年江淮大水續通志

貞觀十年關東及淮海旁二十八州大水 續通志

高宗永徽六年三月楚州大疫 新唐書五行志

高宗總章元年江淮旱饑 資治通鑑

中宗嗣聖九年江淮旱饑時周禁採魚蝦饑死者甚衆 通鑑輯覽

元宗天寶四載九月河南淮陽睢陽譙四郡水 新唐書五行志

肅宗上元二年九月江淮大饑人相食 資治通鑑

代宗大歷二年秋淮南等道州五十五水災 新唐書五行志

德宗貞元六年夏淮南疫 新唐書五行志

貞元八年六月淮水溢平地深七尺沒泗州城 新唐書五行志

唐寶儀貞元泗州大水論夫水沴所具賦有二理一
曰數二曰政天地有五德一曰潤二曰暎三曰生四曰
成五曰動五德者陰陽之使也陰陽者水火之本也陰
陽有常德故水火有常分奇耦收半盈虛有準謂之通
正羨倍過亢極無不至謂之告徵二者大期率有常數
除之主始於潤獻水之行紀於九六凡千有七百二十
有八歲為浩浩之會當是時也陰布同陽尚兩夫下百
水灌注漲其通川岸不受餘則旁吞原隱科坎平概則
漂墾方制雖堯舜在上皐夔佐政亦不能弭其沴也過
此以遷則保於時政如其后悴狂妄以自率權臣固味
以下導政不明賢不章則苦雨數至源水積原非陰陽
之數也貞元壬申之水非數之期乃政之感也德宗之
在位也啟導邪政狎暱小人裴延齡專利為心陰潛引
紹陸贄有其位棄其言由是明明上帝不駿其德乃降
常雨害於粢盛百川沸騰壞民廬舍故其宜也王者苟
能修五政崇五禮禮不瀆政不紊則五日一乖徵十日
一霖霖十五日一務花謂之時雨所以正五運之制節
古象醫刻無有差爽則神農之世其驗賦　呂周任調
州大水記春秋左氏傳曰天反時為災地反物為妖共
於水也反利為害矣在唐堯時包山陵而浩滔天任洪

武時浮誘柔而授鉅野皆震蕩上心督勢下人其故何哉天其或者警休明而表忠誠也皇唐貞元八年歲在壬申夏六月上帝作威罰茲東北浩淼長淵周亘千里請究其本而言之是時山泗桐柏發洪歘湧下注淮瀆平滿七丈浮寄踰滚下連淪波東風篤海潮上不落雨水相逆濺濤倒流淼縮迴薄衝繫淮泗衝陸驟雨河激領建不舍聳夜至於旬時乾坤合怒雲雷為屯以水濟水吞州漂防走不及竄飛不及翔連甍為河海噍類如魚監事出處外孰能圖之開府儀同三司檢校右散騎常侍兼御史大夫泗州刺史武當郡王張公伾以其始至也聚邑老以訪故爨薪燧石以樂之其漸盛也延心衛以馭事繼舟以編桴以載之遂連軸促檣斂邑之楷發老弱州之庫藏圖籍官府之器先簽於遠墅軍資巾幡士女馬牛遷避於水次將健丁壯過水之不可者任使而自安造數日而計行矣洪波汗漫不辨涯涘驚駭鼓濤舟不得不覆巨浪前山城不得不比崇邱如島術衍而沒屢屋如查汎汎相繼天迴地轉混茫其中公獨與左右十數人纜舟於郡城西南隅女牆瀕堞之上以向衛波之來不亦危哉公之左右失色同辭請移公曰伾天子守土臣也苟有難而違之若王命何且南山隅淮

幾五六里吾能往矣況是別境雖局隸也雖死不爲公
於是使部內十驛遷於虹城西鄙而南旁南山而東四
百里達維揚之路俾星郵無壅又東北直渡經下邳五
百里至於徐州通廉察之問又移書淮南城將令斷扃
舟往來立標樹信以虞寇賊之變公每端拱對水而詠
日伍奉聖主明詔司牧此州以親萬姓河公何爲不仁
降此大沴伍之罪也厲聲正色陷危不撓歷數旬而水
定又再旬而水耗自水始至及水始耗已六時矣又一
時而復流郊境之內無平不陂郛郭之閭無岸不谷尺
椽片瓦蕩然無所有可畏者惟公之路寢與內寢歸焉
存焉豈不可浮而往抑不可觸而壞乎斯則神仰公之
仁先庶物而遺己神賛公之忠臨大難而守節神尚公
之義動適權以成務故保其聽政發安之所施公之祚
也昔召伯之理也人愛甘棠而勿翦方茲神嶽扶持不
亦遠乎公乃捨車而徒乘檝而泥弔亡恤存殁復業郡
遠軫聖慮詔左庶子姚公弔而振之至於修府署建城
祗詔有司計功而償緡立廛市造非屋公中劃料佳以
貲以貸饑踰年而城邑復常矣其餘締板為垣樹柳為
麗端衢四達廨宇雙峙雙闕雲聳環縈中天即公之新
惡也天災流行何代無之遂昏即盛遇賢即退故劉昆

反風而火滅王尊臨河而水止蓋忠誠之至也公嘗領
羸兵守孤城以百當萬俾國家全山東之地名載青史
公郎國之長城也今以一葦之航維於危堞之上以當
滄海之勢城頹而一塊不傾水止而所濟獲全公郎國
之貞臣也固知明主之委任於公也皆感而通焉周任
不敏學於舊史氏借古人以諭公或曰未同年矣謹述
而記之時貞元十三年歲在丁
丑清和之月載生魄勒於石

順宗永貞元年秋江浙淮南等州二十六旱 新唐書五行志

憲宗元和三年淮南旱 新唐書五行志

元和四年秋淮南旱 新唐書五行志

元和五年夏淮南等州螟蝗害稼 新唐書五行志

元和九年淮南大水害稼 新唐書五行志

元和十三年六月辛未淮水溢 新唐書五行志

敬宗寶歷元年秋淮南旱新唐書五行志

文宗太和四年夏淮南大水害稼新唐書五行志

太和七年秋揚楚舒廬壽滁和宣等州大水新唐書五行志

太和八年江淮及陝華等州旱新唐書五行志

文宗開成二年三月壬申有大魚長六丈自海入淮至濠州招義民殺之新唐書五行志

宣宗大中六年十一月淮南饑新唐書宣宗本紀

大中九年淮南饑新唐書五行志

大中十二年八月徐泗等州水深五丈漂沒數萬家新唐書五行志資治通鑑是年淮南大水

懿宗咸通元年七月許汝徐泗等州大水傷稼 新唐書五行志

咸通二年秋淮南河南不雨至於明年六月 新唐書五行志

咸通三年夏淮南饑六月淮南蝗 新唐書五行志

咸通四年泗州水 續通志

咸通七年夏江淮大水 續通志

咸通八年泗州下邳雨湯殺鳥雀水沸於火可以殺物近火沴也 新唐書五行志

咸通九年江淮旱蝗 資治通鑑

僖宗中和三年汴水入於淮水鬬壞船數艘 新唐書五行志

僖宗光啓二年淮南饑 舊唐書高駢傳 新唐書時溥傳自光啓至大順六七年間汴

軍四集徐泗蔡三郡民無耕稼頻歲水災人喪十六七 新唐書 十一月淮南陰晦雨雪至明年二月不解 五行志

昭宗大順二年春淮南饑大疫死者十三四 新唐書五行志

南唐李璟保大九年三月淮南饑 陸游南唐書元宗本紀

保大十一年七月唐大旱井泉涸淮水可涉 通鑑輯覽 南唐書 保大中自六月至冬不雨長淮可涉

後周世宗顯德中淮水漲溢 宋史趙贊傳

顯德六年滁州楚州和州壽州饑 冊府元龜

宋太祖乾德四年泗州淮水溢 宋史五行志

太祖開寶七年四月泗州淮水暴漲入城壞民廬五百

家宋史五行志六月己亥淮水溢入泗州城壞民居宋史太宗本紀
太宗太平興國三年六月泗州淮漲入南城汴水又漲
一丈塞州北門宋史五行志
太平興國七年秋七月淮水溢宋史太宗本紀
太平興國九年七月泗州蝝蟲食桑宋書五行志 按太平興國僅八年其明年改元雍熙
太宗淳化二年七月泗州招信縣大雨山河漲漂沒民
田廬舍死者二十一人宋史五行志
淳化五年秋泗州雨水害稼淮南民饑宋史五行志
太宗至道二年五月泗州獻瑞麥宋史五行志

真宗咸平元年江浙淮南荆湖四十六軍州旱 宋史五行志

咸平四年淮水溢 江南通志

咸平六年淮南水災 續資治通鑑

真宗景德二年淮南饑 宋史五行志

景德三年應天府汴水決南注亳州合浸宕渠東入於淮 宋史五行志

景德五年淮南饑 宋史五行志

景德七年淮南饑 宋史五行志

真宗大中祥符元年九月京東西河北河東江淮兩浙荆湖福建廣南路皆大稔米斗錢七八十 續資治通鑑長編

大中祥符二年秋京西河東陝西江淮荊湖路鎮鎮定益梓邛蜀等州言豐稔京師粟斗錢三十續資治通鑑長編

大中祥符三年淮南旱宋史真宗紀

大中祥符四年五月宿泗等州麥自生宋史真宗紀

大中祥符五年淮南饑宋史五行志

大中祥符七年六月泗州水害民田宋史五行志

大中祥符九年七月蝗飛翳空延至江淮及霜寒始斃宋史五行志　續資治通鑑長編九年秋七月乙卯分命內臣閱開封府河東淮南路各三人京東京西河北路各五人與轉運使諸州通判職官按視蝗傷苗稼以聞仍許卽時改種悉除其租小禁京城音樂十日又九月甲寅時以愆亢有廬山僧智悟請就開寶寺靈聖塔斷左手祈雨是日雨降自秋不雨上憂形於色減膳徹樂

偏走羣望及是露禱中外祈慶分遣官致謝於所祈處上作甘雨應祈詩近臣畢和

眞宗天禧元年江淮大風吹蝗入江海或抱草木僵死 宋史五行志　續資治通鑑長編五月丙辰開封府及京東陝西江淮兩浙荆湖路百三十州軍並言二月後蝗蝻食苗詔遣使臣與本縣官吏焚捕每三五州令內臣一人提舉之六月甲申陝西江淮路並言部內蝗蝻抱草木死及大風吹入海秋七月壬寅泗州言旱

眞宗乾興元年淮南饑 宋史五行志

仁宗天聖四年淮水溢 江南通志

仁宗明道元年淮南饑 宋史五行志　續資治通鑑長編明道元年三月乙亥詔淮南饑民有願隸軍而不中者聽隸下軍

明道二年淮南饑 宋史五行志

仁宗景祐元年閏六月甲子泗州淮汴溢宋史五行志續資治通鑑長編甲戌賜知泗州都官員外郎張夏敕書獎諭時雨彌月不止淮汴溢

景祐四年淮南旱蝗宋史五行志

仁宗寶元四年淮南旱蝗宋史五行志

仁宗慶曆四年三月遣內侍兩浙淮南江南禱廟祈雨宋史五行志

仁宗嘉祐二年七月淮水自夏秋暴漲環浸泗城宋史五行志續資治通鑑長編三月戊戌淮南轉運司言淮水自夏秋暴漲浸泗州城知州朱處仁通判蔡選並有防護之勞降詔有獎諭禹貢錐指泗州南去淮一里歷遭水患宋開寶七年淮水溢入泗城歷咸平至祥符無歲不溢迨至景祐三年作外隄以備淮水高三十三丈自是水患少弭歐陽公云泗州之患莫暴於淮是也

嘉祐三年八月淮南淫雨爲災宋史五行志

嘉祐六年淮南饑七月乙酉泗州淮水溢宋史五行志續資治通鑑長編秋七月己亥起居舍人同知諫院龔鼎臣爲淮南路體量安撫使侍御史陳經爲兩浙路體量安撫以淮水災也乙酉泗州淮水溢甲辰河北京西淮南兩浙東西並言雨水爲災八月壬戌江淮制置發運使言淮水壞泗州城知州王琪通判張師中能協力保完之乞降詔獎諭從之冬十月丙戌詔京東西淮南江浙荆湖南北路比年水災盜賊仍起其令逐路安撫轉運提點刑獄鈐轄司於控扼之地州度增置都巡檢以聞行水金鑑嘉祐三年既作外隄猶不足以禦患可見淮水之暴

嘉祐八年淮浙饑宋史五行志

英宗治平元年滁泗等州大水宋史五行志

神宗熙甯六年淮南饑續通志

熙甯七年自春及夏淮南諸路久旱九月復旱宋史五行志

熙甯八年淮南等路旱饑宋史五行志 續資治通鑑長編六月壬子詔淮南兩浙江南荊湖路轉運司具旱災州軍以聞秋七月癸未詔淮南兩浙等路旱災遣官禱南嶽諸祠載祀典者仍委長吏精虔致祭

神宗元豐四年五月淮水泛漲宋史五行志 宋王應麟玉海是年命發運副使史公弼修泗州洪澤湖

哲宗元祐八年淮南路水宋史五行志

徽宗崇甯元年淮南路蝗宋史五行志

崇甯三年大旱飛蝗蔽日康熙志

崇甯四年旱蝗康熙志

徽宗大觀二年淮南諸路大旱自六月不雨至於十月宋史五行志

徽宗政和元年淮南旱宋史五行志

徽宗重和元年夏江淮大水民流移溺死者衆發運使任諒坐不奏泗州壞官民廬舍等物勒停宋史五行志

徽宗宣和元年秋淮南旱宋史五行志

宣和五年淮南饑續資治通鑑

高宗建炎二年淮甸旱蝗宋史五行志繫年錄六月丁丑命京畿淮甸捕蝗

高宗紹興元年淮南民流常州平江府者多殍死宋史五行志

乾隆志是年盱眙旱饑

紹興二年淮甸水乾隆志

紹興七年八月諸路大旱江湖淮浙被害甚廣繫年錄

紹興十一年淮南饑宋史五行志

紹興十二年秋淮東旱宋史五行志

紹興十八年江淮郡國多饑宋史五行志

紹興二十二年淮甸水宋史五行志

紹興二十七年淮南水乾隆志

紹興二十八年江東淮南數郡水宋史五行志

紹興二十九年七月盱眙軍楚州金界三十里蝗爲風所隨風止復飛還淮北宋史五行志繫年錄是年秋七月壬午朔淮東安撫司言北

邊蝗蟲爲風所吹有至盱眙軍楚州境上者然不食稼比復飛過淮北皆已淨盡癸未上謂大臣曰此事甚異可以爲喜仰見上天垂佑之意陳康伯曰載籍所傳盡未之有皆由聖德所感鄰境聞之當自懾伏上曰然使其聞之必不敢妄作矣

紹興三十二年春淮水溢中有赤氣如凝血 按江南通志載此事在紹興四年 四月淮溢數百里漂民田廬死者甚衆 繫年錄是年四月江淮蠶麥大稔 六月江東淮南北郡縣蝗飛入湖州境聲如風雨自癸巳至於七月丙申偏於畿縣 宋史五行志

孝宗隆興元年泗州盱眙軍大饑 宋史五行志 六月兩淮被水 續資治通鑑 淮民流徙江南者數十萬 宋史五行志

隆興二年冬淮甸大雨水流民二三十萬避亂江南結

草食徧山谷暴露凍餒疫死者半僅有遐者亦死宋史五行志

孝宗乾道三年八月淫雨江浙淮閩禾麻菽麥粟多腐淮浙諸路多言青蟲食穀穗宋史五行志

乾道五年夏楚州盱眙軍饑秋冬不雨淮郡麥種不入宋史五行志

乾道七年秋江東西湖南饑人食草實流徙淮甸金人迎麥於淮北北岸易南岸銅鏹斗錢八千宋史五行志

孝宗淳熙二年淮東西饑盱眙軍爲甚宋史五行志

淳熙三年五月淮浙積雨損禾麥淮甸饑淮北飛蝗入

楚州盱眙軍界如風雷者逾時遇大雨皆死稼不爲害宋史五行志乾隆志是年淮何饑蝗

淳熙四年五月甲子盱眙軍報淮北多蝗淮南郡仍歲豐稔續資治通鑑

淳熙五年淮南江東西郡國縣旱有事於山川群望宋史五行志

淳熙七年淮郡皆饑宋史五行志

淳熙八年淮南北旱自七月不雨至十一月蝗食禾苗草木皆盡行都常國等大饑流淮何者萬餘人宋史五行志

淳熙九年七月淮何大蝗宋史五行志十一月淮東饑餓無

麥苗乾隆志

淳熙十年六月蝗遺種於淮浙害稼宋史五行志

淳熙十二年淮水冰斷流宋史五行志

淳熙十五年五月淮甸大雨淮水溢廬濠楚州盱眙軍皆漂沒廬舍田稼宋史五行志

淳熙十六年七月鳳泗和州霜殺稼幾盡宋史五行志

光宗紹熙二年五月真揚通泰楚和高郵盱眙軍富順監皆旱淮浙西東江東郡國皆饑宋史五行志

寧宗慶元元年淮浙民流行都宋史五行志

慶元三年三月淮浙郡縣疫宋史五行志

寧宗開禧元年四月盱眙軍陰雨至於九月敗禾稼宋史五行志

開禧二年淮東西郡國饑民聚爲劇盜九月丙戌淮水

水溢淮東郡國水楚州盱眙軍爲甚圮民廬害稼宋史五行志桯史江淮薦饑死者幾半

開禧三年江浙淮郡邑水宋史五行志

寧宗嘉定元年淮民大饑食草木流於江浙者百萬人繫年錄

夏淮甸大疫官募掩骼及二百人者度爲僧宋史五行志

嘉定二年春兩淮旱饑米斗錢數千人食草木淮民刲

道殣食盡發瘞胔繼之人相搤噬流於揚州者數千家渡江者聚建康殍死日八九十人繫年錄 宋史五行志是年夏淮民流江南者饑與暑并多疫死

嘉定八年江浙淮閩皆旱盱眙安豐軍爲甚四月飛蝗越淮而南江淮蝗食禾苗山林草木皆盡五月大燠草木枯槁百泉皆竭江淮杯水數十錢暍死者甚眾宋史五行志 乾隆志是年自春不雨至於八月

嘉定十一年淮浙江東饑饉無麥苗宋史五行志

嘉定十二年冬大雪淮冰合宋史李全傳

嘉定十六年五月江浙淮荊蜀郡縣水江淮郡國皆無

麥禾（宋史五行志）

理宗淳祐二年五月兩淮蝗蝻（宋史五行志）七月兩淮大水（續資治通鑑）

度宗咸淳七年春二月淮浙大饑（通鑑輯覽）五月淮水溢（按元史阿塔海傳世祖至元九年五月淮水溢是爲度宗咸淳七年也）

元成宗元貞元年泗州旱（元史成宗紀）

成宗大德二年四月燕南山東兩淮江浙蝗（元史五行志）

大德三年八月淮南蝗（元史五行志）

大德九年八月泗州蝗（元史五行志）

武宗至大元年六月江淮等郡大饑（元史五行志）

英宗至治元年七月臨淮盱眙等縣蝗元史英宗紀

泰定帝泰定三年七月睢泗等州蝗洪澤屯田旱元史泰定帝紀

順帝元統元年二月兩淮旱民大饑續資治通鑑

元統二年六月淮水漲續資治通鑑

順帝至元二年淮浙旱元史五行志

至正十六年泗州潁淮兩岸有灰黑色鼠萃夜出穴成羣覆地食禾元史順帝紀

明太祖洪武六年六月壬午盱眙獻瑞麥薦宗廟明史太祖紀

答祿與權傳與權蒙古人洪武六年授御史盱眙民進瑞麥與權請薦宗廟帝曰以瑞麥爲朕德所致朕

不敢當歸之宗廟
御史之言是也

洪武八年大河南決扶潁入淮 行水金鑑引目遊四海記

洪武十九年四月大水 乾隆志

洪武二十六年大旱 絹涎志

洪武二十四年四月河決原武至壽州正陽鎮全入于
淮 通鑑輯覽

成祖永樂元年鳳陽淮安饑 明史成祖紀 是時泗州盱眙縣並屬鳳陽府

永樂十三年鳳陽諸府旱 明史五行志

永樂十四年七月壬寅河南開封等府十四州縣淫雨
黃河決 明太祖實錄 經懷遠縣山渦河入於淮 行水金鑑引淮安府志

宣宗宣德八年旱饑乾隆志
英宗正統二年鳳陽諸府四五月淮水泛漲漂民人禾
稼明史英宗紀 泗虹志是年夏大水城東北隣垣崩水內注高與簷齊泗人奔盱山
正統五年夏鳳陽淮安等府蝗明史五行志
正統六年夏鳳陽淮安蝗五月泗水淮水溢丈餘漂廬
舍明史五行志
正統七年濟南青萊淮鳳徐州五月至六月霪雨傷稼
明史五行志
正統十三年七月河決滎澤入渦口至懷遠入淮通鑑輯覽
代宗景泰四年鳳陽饑鳳陽八衛二三月雨雪不止傷

麥續通志

景泰五年正月山東河南兩淮大寒人畜多凍死通鑑輯覽

七月淮安鳳陽大水續通志

景泰七年五月六月淮安鳳陽大旱蝗續通志

英宗天順四年夏淮水溢高至大聖寺佛座明史河渠志

天順七年五月淮安鳳陽大雨腐二麥明史五行志

天順十二年八月淮鳳大水明史五行志

憲宗成化元年旱饑民死者半乾隆志

成化四年鳳陽饑明史五行志

成化十二年八月淮鳳俱大水明史五行志

成化十三年九月淮水溢續通志

成化十七年二月甲寅南京鳳陽廬州淮安揚州和州兗州及河南州縣同日地震續通志

成化十九年淮安鳳陽揚州三府饑明史五行志

孝宗弘治六年大雨雪自九月至次年正月乾隆志

弘治八年三月己酉淮鳳州縣暴風雨雹殺麥泗邳雨雹深五寸殺麥及菜明史五行志

弘治十六年自夏四月不雨至秋九月乾隆志

弘治十七年淮揚廬鳳洊饑人相食且發瘞胔食之七月鳳陽諸府大雨平地水深丈五尺明史五行志

武宗正德元年七月鳳陽諸府大雨平地水深丈五尺沒居民五百餘家 明史五行志

正德三年廬鳳淮揚四府饑 明史五行志

正德四年夏旱蝗飛蔽日 乾隆志

正德五年荒 乾隆志

正德七年鳳陽諸府旱 明史五行志

正德八年春正月朔大雷電雨有黑色無麥夏潦秋淮水暴漲漂民居冬多盜水長滿過泗河與諸湖水合 乾隆志

正德九年廬鳳淮揚旱 續通志

正德十二年鳳陽淮安皆大水明史五行志

正德十三年淮決潤陂灌泗州明史河渠志是年廬鳳揚饑明史五行志

正德十五年淮揚廬鳳三十六州縣旱明史五行志

世宗嘉靖元年七月淮鳳同日大風雨雹河水泛漲溺死人畜無算明史五行志　乾隆志是年霪雨禾菽盡爛水漲丁家巷口

嘉靖二年大祲盜賊蠭起人相食乾隆志

嘉靖五年春霪雨至夏四月二麥淹死乾隆志

嘉靖六年鳳陽淮安旱明史五行志

嘉靖七年蝗大水乾隆志

嘉靖八年盧鳳饑明史五行志

嘉靖十一年水至寶積橋乾隆志

嘉靖十四年旱蝗乾隆志

嘉靖十六年水至都憲坊乾隆志

嘉靖十七年水沒寶積橋乾隆志

嘉靖十九年河決野雞岡由渦河經亳州入淮河防一覽

嘉靖二十四年河由野雞岡決而南至泗州合淮入海明會典

春大饑夏大蝗康熙志

嘉靖二十五年蝗水沒寶積橋乾隆志

嘉靖二十九年大寒淮水凍合車馬行冰上康熙志

嘉靖三十年淮水大溢行水金鑑引淮安府志乾隆志是年水沒寶積橋

嘉靖三十一年淮河大溢行水金鑑引淮安府志

嘉靖三十二年南畿廬鳳淮揚饑明史五行志乾隆志是年水沒寶積橋

嘉靖三十四年淮水溢行水金鑑引淮安府志乾隆志是年縣水船行寶積橋上

嘉靖三十六年春有狼白晝入市屠者殺之乾隆志

嘉靖三十七年大水乾隆志

嘉靖三十八年大祲四鄉鬻男女者萬餘人乾隆志

嘉靖三十九年大水乾隆志

嘉靖四十年大水乾隆志

嘉靖四十三年大寒淮冰凍合乾隆志

嘉靖四十五年大水乾隆志

穆宗隆慶二年淮安鳳陽大旱明史五行志

隆慶三年八月庚申以洪水為患命巡撫鳳陽侍郎趙孔昭祭大淮之神九月淮水漲溢明穆宗實錄江南通志是年高家堰大潰淮水東趨

隆慶五年水乾隆志

隆慶六年淮黃俱溢一統志乾隆志是年大水

隆慶二十三年泗水浸祖陵續通志

神宗萬曆元年淮鳳二府饑民多為盜元年至五年多水災饑明史五行志五月十八日夜淮水暴發千里汪洋沒

壑淹田溺河民多溺死行水金鑑引淮安府志

萬厤二年七月二十四日大風雨河淮溢行水金鑑引揚州府志

一統志是年始增築高家堰

萬厤三年五月淮決高家堰黃水蹄淮漸逼鳳泗明史河渠志行水金鑑引南河全考是年河從崔鎮等口北決淮水從高家堰東決徐邳以下至淮南北漂沒千里又引淮安府志是年六月霖雨不止風霾大作河淮並漲千里共成一湖居民結筏浮箔採蘆心草根以食

萬厤四年水饑乾隆志

萬厤五年閏八月淮河南徙決高寶諸湖隄明史五行志乾隆志是年大水行水金鑑引淮郡二隄記是年漕撫王宗沐築高家堰

萬厤六年水冬大雪乾隆志

萬曆七年五月鳳陽徐州大水明史五行志淮郡二隄記是年淮水平地高三尺

萬曆八年雨潦淮薄泗城且至祖陵明史河渠志秋七月大風拔木飄屋損禾稼乾隆志

萬曆十二年大有年康熙志

萬曆十三年大有年康熙志

萬曆十四年大有年康熙志

萬曆十五年旱饑乾隆志

萬曆十六年旱饑乾隆志

萬曆十八年五月十二日以後大風雨淮水漲行水金鑑引淮

安府志

萬曆十九年九月泗州大水州治没三尺淮水高於城祖陵被浸明史五行志

萬曆二十年泗州大水城中水三尺患及祖陵議者或欲開富甯湖至六合入江或欲濬周家橋入高寳諸湖明史潘季馴傳　按富甯即富陵河渠志作阜陵亦作阜甯實即漢之富陵縣淪而爲湖者詳山川洪澤湖下

萬曆二十一年水浸泗州城民半徙城墉半徙盱山乾隆志

萬曆二十二年鳳陽大水明史五行志六月黄水大漲清口沙墊阻遏淮水不能東下於是挾上源阜陵諸湖與山

溪之水暴侵祖陵泗城淹沒（行水金鑑引淮河全考）

萬曆二十三年江北大水淮浸祖陵（明史神宗紀）秋大有年（乾隆志）

萬曆二十五年三月癸卯泗州火燒民房四千餘間盱眙火燔民房百六十餘間（明史五行志）淮水大漲浸及泗陵（行水金鑑引揚州府志）

萬曆二十六年淮黃交泛（行水金鑑引淮安府志）

萬曆三十五年五月大雨雷雨黃淮交溢田廬災（行水金鑑引清河縣志）

萬曆三十九年蝗蝻徧野禾苗食盡（乾隆志）

萬歷四十五年大旱饑乾隆志

萬歷四十七年大旱赤地千里冬大雪平地丈餘淮河冰合乾隆志

萬歷四十八年春夏大雨水乾隆志

熹宗天啓元年五月淫雨淮河交溢行水金鑑引清河縣志

天啓二年十二月初二日暮地動有聲乾隆志

天啓三年十二月兩京鳳陽蘇松淮揚泗滁同日地震通鑑輯覽

天啓六年七月壬申淮揚廬鳳各府屬春夏旱蝗爲災入秋霪雨連旬明熹宗實錄

莊烈帝崇禎四年六月淮黃交漲明史紀十月丁未刑科給事中常自裕上言今歲災異迭見淮泗洪水滔蕩浸及陵寢崇禎長編乾隆志是年大水淹沒山下三坊

崇禎五年八月癸未直隸巡按饒京疏報黃河漫漲泗州虹縣宿遷桃源沭陽贛榆山陽清河邳州睢甯鹽城安東海州盱眙臨淮高郵興化寶應諸州縣盡爲淹沒崇禎長編

崇禎六年鳳陽惡鳥數萬兔頭雞身鼠足供饌甚肥犯其骨立死明史五行志明季北略載此事小異

崇禎十三年大旱蝗蝻徧野民饑以樹皮爲食康熙志

崇禎十四年大疫五月十四日大風學宮門坊俱倒乾隆志

崇禎十五年八月戊申泗州水浸及陵寢崇禎長編

崇禎十六年黃河溢由渦入淮漂沒廬舍行水金鑑引鳳陽府志

國朝順治二年學宮大成殿前忽生蜀葵數千株燭滿如錦繡是年邑人楊宏祚錢世錦李正蔚同舉於鄉康熙志

順治四年冬有虎突至縣東街入夾牆內眾禽獲之乾隆志

順治六年夏五月息縣淮水溢河南通志是年大水船行於市康熙志閻

六月初八日大雨雹乾隆志

順治九年江南旱皇朝通志

順治十年冬淮水凍合十一月十四日晚地震有聲乾隆志

順治十四年二月玻璃泉流忽斷邑人戚玾詩注

順治十五年冬十月大雷雨河淮交漲行水金鑑引清河縣志

順治十六年鳳陽屬水皇朝通志續行水金鑑引靈璧縣志是年歸仁隄決睢湖諸水悉出決口入淮

康熙元年泗州屬大水乾隆志

康熙二年旱雨雹傷禾乾隆志

康熙四年水乾隆志

康熙五年河洪臨仁隄水勢衝突直逼泗境續行水金鑑引泗州舊志

康熙六年夏蝗乾隆志

康熙七年秋蝗乾隆志

康熙九年夏大水十一月大雨雪淮河凍合車馬行冰上次年二月始解康熙志

康熙十年大旱自三月不雨至八月蝗食禾稼殆盡民剝樹皮掘石粉食之冬大寒雨雪民多死者康熙志

康熙十一年四月麥秀兩岐有三岐四岐者五月蝗蝻

徧地不食禾稼已而蝗蝝致蝻飛去康熙志

康熙十三年泗州水通志皇朝

康熙十四年鳳陽屬水通志皇朝

康熙十五年正月朔日色大赤乾隆志

康熙十七年旱蝗乾隆志

康熙十八年大旱饑飛蝗蔽淮徧滿民居食壁紙殆盡乾隆志

十月淮水大漲泗城成澤國學宮毀焉邑人李嶠瑞詩序

康熙十九年夏秋大雨州城水深數尺民大饑乾隆志王士禎居易錄邗盱眙李嶠瑞詩康熙十九年淮水漲泗州城郭公私廬舍漂沒無算惟僧伽塔僅存

康熙二十三年秋九月大水乾隆志

康熙二十四年夏大水乾隆志

康熙二十五年夏旱蝗秋大水乾隆志

康熙二十六年秋大旱蝗饑乾隆志

康熙二十九年大水乾隆志冬酷寒竹盡槁自十月不雨至於明年五月蝗生徧野食麥一空怪風拔木壞民廬舍殆盡纔雨降歲豐邑人李嶟瑞詩序

康熙三十二年盱泗等州縣河流泛溢一統志春夏旱蝗食苗秋得雨晚禾有秋冬暄百花皆放乾隆志

康熙三十三年夏麥秀兩歧乾隆志

康熙三十四年大有年乾隆志

康熙三十五春夏旱六月雨至秋七月凡五十餘日大風民居摧倒大水沈泗州城垣淤盡漂沒死者無數大饑天雨五色豆民食之乾隆志

康熙三十六年泗州大水皇朝通志 邑人李嵋瑞過州道南湖漲故居詩狂濤入屋流原注時淮冰方漲

康熙三十七年大有年乾隆志 邑人李嵋瑞村市觀燈詩風來東面氣和柔節候陰晴卜有秋未到上元先落雨今年卻是打燈頭原注余鄉諺云雨打燈頭高田不收謂試燈夕得雨則後此水足用不須求也

康熙三十八年大水五月雨蝗秋山川有收乾隆志

康熙三十九年夏旱邑人李嵋瑞詩注 秋淮水漲冬大雪乾隆志

居易錄庚辰七月六日夜三更後淮安洪澤湖大風雨雷電發屋拔樹時督高堰隄工大臣如吏侍王顓菴掞戶侍田景齊雯王公垂紳諸公及分修督撫諸公皆在避匿岸下土穴中質明望見空中十二龍鬬色皆青鱗鬣畢見至七夕入夜始罷

康熙四十年泗州被水 純皇帝聖訓

康熙四十一年大有年 乾隆志

康熙四十二年旱饑 乾隆志

康熙四十三年冬雷 乾隆志

康熙四十四年秋大雨五十餘日市口水深丈餘冬雷西南石龍岡有雲氣成五彩半日方散是歲山田有秋 乾隆志

康熙四十六年江南旱皇朝通志

康熙四十八年夏大雨麥爛蝗過雨俱死有秋乾隆志

康熙四十九年旱雨雹傷稼乾隆志

康熙五十年夏雨雹飛蝗過境不食稼冬大雪乾隆志

康熙五十三年夏秋旱冬大雪乾隆志

康熙五十四年大有年冬寒水凍合可行車乾隆志

康熙五十五年秋旱乾隆志

康熙五十六年大有年乾隆志

康熙六十年津里集民蔡南金妻一產七子怪而棄之乾隆志

康熙六十一年秋旱天鼓鳴有流星大如盤自東墜西火光燭天冬雪凝樹枝日山不消乾隆志

雍正元年大有年乾隆志

雍正二年有年乾隆志

雍正三年夏秋淮水大漲齊蘇勒奏疏四月初八日淵揆驟雨平地水高二丈漂死人畜甚衆秋大旱蝗饑山出石麪白綠二色民取食之十二月雷電雨雹乾隆志

雍正四年四月湖水陡溢漫入窪田范時繹奏疏秋水飛蝗過境不傷禾稼乾隆志

雍正五年大水乾隆志

雍正六年大水乾隆志

雍正七年大雨水山出蛟漂沒田廬乾隆志

雍正八年大有年麥秀有兩岐三岐者乾隆志

雍正九年七月晦大風拔木水驟漲舟行市口乾隆志

雍正十一年秋大水東南鄉有秋乾隆志

雍正十三年旱饑高廟集民家有牛生犢身有鱗采似麟乘之水中不沈鳴三日而斃乾隆志

乾隆元年西鄉大義灘等九處秋水災乾隆志

乾隆二年大有年乾隆志

乾隆三年夏旱秋澇六畜災大水入市民饑食石麪乾隆

志

乾隆四年蝗秋水災乾隆志

乾隆五年水潦冰雹損東鄉集乾隆志

乾隆六年大水沒田廬乾隆志

乾隆七年大水沒寶積橋民居被淹有二猴入市居民逐至半邊山而去乾隆志續行水金鑑引淮安府志是年淮決高家堰

乾隆八年東鄉馮家墩等處秋旱乾隆志知縣郭起元紀旱詩拚擲做炎燒

郊藪星席不暖竭來淮西郡汲深懸綆短頻年天行沴茲夏仍多旱盥被向齋宮旦夕發心瘡龍女收未歸微陰斂還散稍露陌上塵倘燒邱中秆客秋振資行冒濫頗有飄長吏揮鉤稽括覈計誠善無術起瘡痍刻期微緜藹三復春陵行爲山人已罕肇予志甞官惆悵一弁衍民饑即己饑監門圖敢緩西江流可注涸轍鮒斯蘇

祈收鬱子識異風回絕蝗何事屯其齊森延祝卒樹長
詔寄此情歲華空偃蹇原注乾隆八年夏六月盱旱無
雨齋宿虔禱士民從者千餘人既而微雨降是秋淮泗
皆有旱災因往歲濫振奉文嚴切州縣懼不敢報余爲
民請命詳報十有八鎮撫卹三千餘金民無嗷饑失所
上憲鑒而嘉與焉噫是在爲政者自盡其心而已故詩
以記之

乾隆九年蝗撲滅禾稼無傷乾隆志

蝗詩 知縣郭起元

水族散魚子孽化爲
羽蟲產自昭陽湖翠翼剌高空遥合淮楚鄉飈輕鍾離
封使星乘傳來諭令拖其鋒叫呼千夫力踴躍百里從
日入不遑息晨光氣冥濛及此趨偷溜齊撲露草叢升
斗積邱山乘界炎火攻作勢予所諳奚分吏與農夫何
蝝子生蠕動畝南東去惡務淨盡捐瘞復相從冀翁彼
何人貝錦萋以蒙妄稱蠡生處乃在盱野中根株見未
來識川徙相江江湖雖萬里天聽達四聰劇復轉呼開
柔苗亦芃芃野有露麋白穗炊穲稏紅報賽操豚蹄皓
臘慶年豐嘯堂一樽酒伏流礧塊胸故山渺雲外夢迷
南飛鴻原注乾隆九年夏六月有蝗自昭陽湖經山陽

尚來遮蔽天日適詢公同督詞二盜入境山中論以撲捕為急余躬率耆張獨歷四鄉五鼓乘露翅未起撲捉計升給錢匝月而蝗報淨未幾蝻子旋生復周流無間撲滅如法來安令姜報蝗生盱野羽嫩類下幸士民咸激同心協捕並未傷禾自致莪來歲始稱有年焉

乾隆十年秋水成災岡阜有年志乾隆

乾隆十一年大水沿河淹沒七八九十分等災山田有秋乾隆志

邑人江瀾丙寅秋七月淮漲有感詩壬戌於今未幾年兩遭淮漲勢滔天千村雲樹掃山腹萬頃銀濤接樹巔禾黍青原停釣艇熙積劇市廛炊煙鴻哀四野無棲處又廬寇喪讒淮竄

乾隆十五年秋黃淮並漲泗虹志

乾隆二十一年臨淮鳳陽泗州盱眙連年被水續行水金鑑引皇濤奏議

乾隆二十六年豫省黃河楊橋漫水由渦淝入淮續

皇帝聖訓乾隆二十六年欽差侍郎裘曰修奏黃水至潁亳已無甚泥濁自此達泗州入洪澤湖愈遠愈清洪澤湖可無受淤之患　上諭曰此論日前其若以之必受害故朕督催必令速築決口者以此

乾隆四十三年十一月黃河儀封漫口由賈魯河東注入淮續行水金鑑引河渠志稾

乾隆四十四年秋淮湖漲泗虹志

乾隆四十七年秋淮湖倒漾泗虹志

乾隆四十五年泗州盱眙鳳陽水續行水金鑑引南河成案

乾隆五十一年洪湖驟長水一丈五寸續行水金鑑引河渠紀聞

乾隆五十二年六月黃河決睢州南岸水由睢州寧陵

商邱一帶從渦淝諸河下注亳州蒙城懷遠鳳陽泗州盱眙入淮續行水金鑑引河渠志稿

嘉慶七年河水漫溢泗虹志

嘉慶八年洪湖水漲一丈五尺續行水金鑑引南河成案續編

嘉慶十三年五月潛山發蛟水入淮壽州長水二丈餘沿淮被淹續行水金鑑引南河成案續編

嘉慶十八年豫省睢工漫口黃水入淮續行水金鑑引南河成案續編

嘉慶十九年泗盱旱蝗省志

嘉慶二十年六月沿淮大雨正陽鎮水長二丈五尺洪湖大漲續行水金鑑引南河成案續編

嘉慶二十四年蘭儀河決全黃入淮續行水金鑑引南河成案續編

人王蔭槐悲河決詩淮濆野人聞茅屋夜枕呶呶聞鬼哭起看淮流走溺屍滿傳隄決黃河南蘭陽七月風怒號如山捲起黃河濤眾淵之勢久所慮百丈一落波天浙蕩飄陳兩設汝潁泵哉十萬鑄魂漂我聞招信舟人女湖宿宿撈得兒死在空棺棺中粗枚誰所遺可憐向絕人收育又聞阜陽溫人段設水水中救得雙雙起泣言家世本清門有兄赴試開封其夜半黃流沒滿村蒼黃託命車箱底雖蒙拯死出波濤箱何處存鄉里呼嗟乎天奚忍肆虐民何辜我欲上排閶闔呼君不見胥濤漫淌體滿往歲賊亂民遭屠殘魂墮魄冤未散天陰頭血污傑劉豫州於城猶在眼那堪復此悲淪胥方今聖人發旰食發帑賜下司農 賑保障誰能旦夕功備輸恐盡東南力日夜喧呼賀急來更餘哀哺防隄驛湖波頭禍發簷而落見妖星吐芒寒

道光元年大水大疫同治志

道光六年秋洪湖盛漲啟各壩洩入海朱緒曾國朝金陵詩徵注

道光十一年大水大街水門口淹沒同治志

道光十三年旱饑同治志

道光十五年秋旱蝗同治志

道光十六年有年同治志

道光二十一年河決祥符入淮南河檔冊

道光二十七年大水同治志

道光二十九年大水同治志

咸豐四年旱蝗同治志

咸豐五年七月大雨經旬衝刷民房雲山山水發高丈五六尺淮水漲澗溪鎮乘船入市同治志

咸豐六年大旱饑民食榆皮同治志

咸豐八年夏雨雹大如椀破瓦殺燕雀雉兔

咸豐九年春多鼠白晝往來梁棟間

同治元年饑無種同治志

同治三年饑同治志

同治七年七月河決滎澤入洪湖南河檔冊

光緒十三年五月初三日黎明蛟發邑之仇家集漂沒民田廬舍無算男婦死者二十六人八月十三日夜河決鄭州全流入淮九月水長七八尺

光緒十六年四月十四日大火燒民房數百家

光緒十七年四月初三日大火燒民房數百家五月䖝

淮水淺涸去張公隄約六七里

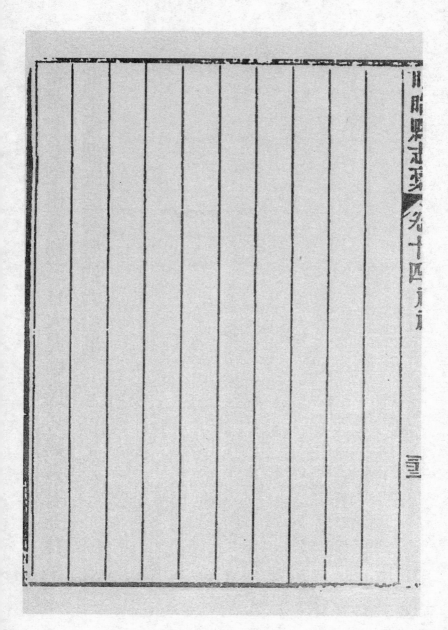

(清)曹鑣撰

【道光】淮城信今録

清道光十一年(1831)木活字本

甲午水厄

乾隆三十九年八月十九日卯時黃河老壩口潰午

前城內傳信至晚北門有水二三十日早勢大增人驚

惶而南門跡未甚著至二十一日皆有水矣人盡出官堵北水關工不牢水仍奪入盖由河下羅柳河一路冲開已淹斃多人徑達城内又向新城小北門外冲開鹽河壩口直灌新城時城河小船及挑夫橫索得志而搶掠大作發屋攫物縱橫無阻河下李家被搶最兇財物逾萬金後擒獲三人伏法斬絞有逸者時漕臺嘉公北上夫人發銀三百兩命中軍官督辦水關得武生戴兩篁指揮二十三日工始就城内水勢定矣然已積水八九尺至一二尺不等其三城内外人家或僱船或搬寶應清江平橋楊家廟等處或

沿堤賃屋或堤上城上搭棚棲止而城上尤多狼狽
萬狀數日後各大憲繼至設廠放粥給撫卹賑一關
調揚州白遊擊來淮協辦而本地官署縣沈永清袁
大廳任叅將俱爲勤力所拏强盜施以毒刑風爲之
靖九月初旬間有勉强搬入城者官集水車數十部
由巽關赶洩而出然先洩後不洩後閉澗河閘開龍
王廟壩始漸得涸十月初沿門查賑窮人額慶始終
三門堵塞東門城門下亦無水然裡外皆水無可通惟南門通行南角樓
一條街無水南門大街由城門拄大魚市口無水府
上坂微有水院東抵朱角衛橋節段有水院署縣署縣

學內無水府大堂前無水范巷北沿人家俱無水富戶沈宅丁宅無水東之紫霄宮西之五神廟無水新城西北最高小北門一帶無甚水西長街守備署前水漸深餘則汪洋矣河下惟近堤數十步無水相家灣老壩以北連大北門外無水城內水皆清而臭穢甚河下則濁流淤墊大北門內亦淤厥後人家出淤大費錢力次年公捐銀兩修整水關新城亦踵爲之庶其有備無患乎

水災情事已紀其畧異日萬一再遇此事倉猝之圖不可不胸有成竹也謹述愚見以備採擇城內文武

官長分任五處一北水關一北門一東門此工甚淺一西門一西水關督看堅築坐定防守惟西水關無庸專守其清風門及水所不到之巽關亦時加察看另委員將北角樓築一橫堤東拄城西拄堤約長十餘丈使滴水不得南行西門稍南搭雲梯以通出入獄囚速行觧送隣縣本府太尊坐鎮南門關帝廟許人安静出入挑抬之夫許量照平日加倍予價有過分勒索者即行枷示搶奪者重枷枷示聽尊坐南角樓彈壓船戶不許勒索凡堵築役夫俱用營兵弓兵重給餐錢不用命者重治之始終不役民夫一人不泒取各戶包土

事定合計所費令紳士議處以還公欵新城夾城水
旱門要害共九處亦准此料理職官不敷參以紳衿
老成者城東護城岡有二缺口上届水由此而西自
庚申年南門外大造已經杜斷今尚有極南近潤河
堤一處有事時急當堵築牢固則南門外俱保無恙
如係湖水決口由東南反漲而來則此着尤爲緊要
也

丙午春荒

乾隆四十六年後皆歉歲至五十年大旱連數省而
山邑洞下之田郤爲有收奈商船搬運四散而空寒

内米價日高至次年春升米至五十文百物皆絶中産之家盡食麥麩野菜以度命餓殍載道凡空曠處積屍臭穢不可聞稍留殘喘唯以搶奪爲生街市不敢携物而行郊野更甚羸者乞食擠入門終不肯出嗚嗚之聲慘不忍聽漕臺毓公奏留江西幫糧數萬石交地方官于二月初開廠出賣人有生望奈廠員胥吏奉行不實俄而二十八文俄而三十三文升漸縮而小一人只許買三升又改爲一升先買票後取米多所周折窮民操錢争買毎日必擠死數人（設廠在城隍廟其門外石獅擠倒壓死數人）究竟得買者十居三四餘仍空回

又勸諭富户賣米富者槩不樂從乃議各出錢詣淸溝買米接賣沈姓借出千貫文後歸還六百貫餘可類推伊太尊屬紳士料理將官役撤囘較爲妥便然杯水車薪所濟有限孑遺之輩屆麥熟稍甦而瘟疫大作死者又加倍焉其實上年本邑腴田爲有收富者愈加富而陷于死亡者皆貧人也

災異

乾隆十八十九二十年疊被水災故二十一年春令極荒米一升至三十文（前災不過十文內外故以此爲駭異）人相掠奪迨五六月間大疫

二十二年五月十八日未時起龍風飛瓦走石城墻括倒一段（在火藥局東）瓦屋掀翻無數草房什器翔舞滿天府學東角門一扇吹向殿臺上打斷石欄一根察院大門一扇吹落周家橋野地上城隍廟鴟吻落數百步外迄今人猶詫言之

二十九年五月二十八日未時地震正值李學臺科考沭清贛三縣文童場内驚擾欲潰即開門放出其未完卷者改期另考然後之考者居大半人其中止錄清沭各一卷

三十三年正月廿八日河北大火燒一千八百户

三十九年六月十九日卯時黄河決老壩口水灌三城有專記

四十五年正月十六卯時地震

四十六年八月至次年六月不雨土皆龜坼樹不發青運河涓涓細流稻田俱未插秧四十七年秋冬稻

價至一千七八百文度穀種幾絶

四十七年八月初三日大雨兩晝一夜平地水二尺

五十一年春荒米石五千七八百文餓殍載道有專記

五十一年正月初三日戌時城隍廟正殿失火由一莖香落供案上炎炎而起屋宇神像俱燼是年五月府上坂李家老槐樹亦殞於火皆刼燒也城隍殿後得朱鑑亭捐貲重建並修理全廟通用銀五六千兩誠爲義舉事在五十三年

五十四年正月初三日申時天色晴霽忽聞天鼓聲自西北來轟轟向東南去移時始寂

五十五年七月二十七日大雨一晝夜城内街俱行
船成熟之禾盡没屋塌無數
五十七年三月初五日雷震預備倉屋壞
五十九年四月十三日河北火燒一千三百戶
是年七月初七日亥時暴風徹夜西工告險有專記
嘉慶十一年八月初五日丑初地震勢甚壯天上有
聲似雷非雷百物搖撼非常初七日辰時又動初九
日卯時又大動亦有天鼓聲
十二年正月十一日子時地震有聲
是年十二月廿八日戌時天鼓鳴東南白光照地如

月頃刻寂然

十三年六月初三日運河大漲板閘之勢瀕危因撘

放西岸河西田廬盡没緣是有變官之獄

是月潰荷花塘返水驟至東鄉田禾盡没十一年決荷花塘此地亦受淹其勢稍巽

十四年七月河西狀元墩決口西鄉田禾盡没

是年四月河下風箱巷管姓一家五口同時縊死因

其爲富商家人覬者構成大獄次年刨屍蒸檢無所

不極其慘而卒無可解之故亦祇異也

十五年正月十七日風霾晝晦天色黃中帶赤竟日

是年二月十九日子時三舖運河決東下一片汪洋九月始塞有專記

嘉慶乙亥二月廿七日三台閣失火其中所貯府志縣志板數千塊焚燬無遺其年衆鄉士募捐重建用銀一千七百餘兩兼理魁斗宮建孫公祠並修整城工奎閣甚爲可觀而志書板没亦文獻之阨也十一月韓侯祠火燬後樓十二月紫霄宮火燬三清殿王霖蒼開府上坂永茂典有雔狐爲祟丁丑正月二十三日酉時失火大熾二月十一日未時又火又熾渠出力重新城隍廟以爲懺悔是後租沈姓廳堂餘

房推置貨物及九月九日戌時沈屋又火盡燬所置之物延燒祖樓世傳珍貴之器物一空眞詫事也樓五間銅墻鐵壁俱成灰燼

【光緒】鹽城縣志

(清)劉崇照修　(清)陳玉樹、龍繼棟纂

清光緒二十一年(1895)刻本

雜類志

班志六藝續以十流臣壽虞初小說亦蒐綴以流商書適求酋藩祥匪瑣瑣亦勿掇作雜類志弟十

祥異

宋太祖乾德三年七月泰州潮溢損鹽城縣民田文獻通考卷二百九十六 宋史五行志作潮水 案各史五行志所載淮郡災異甚多其有明言鹽城者悉錄之以補舊志之闕其有渾言楚州及淮安或歟郡茲舉者則擇而存之不能盡載

眞宗大中祥符四年十一月楚泰州潮水害田民多溺死同上

高宗建炎元年八月鹽城大雪三四日朱子語錄

紹興十四年五月辛未楚州鹽城縣海水溢舊志據宋史高宗紀宋王應麟玉海作五月二十五日乙亥又宋史黃至秦檜傳亦載此事云檜請賀帝不許

孝宗淳熙七年海颶大作煮鹽鼎沸孫宗彝愛日堂集康濬侯耿公傳

元世祖至元十五年鹽城及丁溪場有二虎爲害境內旱蝗冬無雪民多疾元史良吏許維楨傳

成宗元貞二年淮安朐山鹽城水元史五行志

英宗至治元年八月壬戌淮安路鹽城山陽縣水免其租元史英宗紀

文宗天曆二年以淮安路鹽城山陽諸縣去年水免今

年田租元史文宗紀

明成祖永樂九年海溢堤圮自海門至鹽城百三十里命平江伯陳瑄以四十萬卒築治之爲捍潮堤萬八千餘丈明史陳瑄傳

憲宗成化七年鹽城縣旱蝗食稼乾隆府志

十三年鹽城縣大水没禾乾隆府志　案程志作十二年考明史五行志載成化十三年淮安大水與府志合程志誤也沈志不載亦非是

十五年旱蝗食稼程志

孝宗宏治十五年大旱蝗食苗盡地震有聲壞城垣沈志

武宗正德六年大水没禾漂溺居民程志乾隆府志同

八年旱蝗傷禾程志

九年海溢海濱居民漂溺十之七沈志

十年大旱民多殍徙程志

十二年大水漂溺居民無數程志 明史五行志亦載是年淮安大水

世宗嘉靖元年郎中楊最治水淮揚上言寶應氾光湖西南高東北下雨霪風厲飆衝決鹽城興化通泰皆田悉受其害明史楊最傳 五行志載是年七月廬鳳淮揚四府同日大風雨雹河水泛漲溺死人畜無算 廟灣鎮志載是年七月二十五日颶風海嘯民多溺死

二年大饑米石錢二千人相食程志 案石字疑當作斗 康熙府志載嘉靖癸未夏大旱秋大水冬大疫民相食癸未即二年也 通鑑輯覽載是年夏兩畿旱秋南畿大水與府志夏旱

秋水之說合 明史五行志亦載

是年兩饑赤地千里殍殣載道

七年五月不雨七月蝗大起食禾苗並及衣服書籍民皆飢散知縣姜潤身張好古相繼設法捕治之 程志沈志同

十五年四月十六年正月皆大雨雹 程志

十八年七月三日東北風大起昏曀三月海大溢民畜溺死廬舍漂没無算 程志沈志同康熙府志作七月十三日晝晦一二日

二十七年董家橋民田麥穗雙歧歲大稔 程志沈志同

三十年八月淮水大溢禾稼牛畜廬舍盡没 程志沈志同

三十一年淮河大溢 行水金鑑引淮安府志

三十八年旱民飢 程志沈志同 大疫鴻臚寺序班夏誥具棺

收瘞暴屍甚衆 程志選舉志

四十年水 程志

四十五年大水 程志

穆宗隆慶三年六月海溢七月淮水溢數百里浩淼如大洋民多飢死知縣師道立請發帑數千兩振濟 程志沈志

同 明史五行志云閏六月淮安大水九月淮水溢決二壩入海

六年七月二十七日黃河縣漲自徐碭至淮揚一夕丈餘下流悉成巨浸鹽城被災尤甚 康熙府志

神宗萬歷元年五月十一日夜淮水暴發千里汪洋没室淹田人多溺死 行水金鑑引淮安府志 明史神宗紀是年夏六月壬申振淮安水災

二年七月二十四日戊刻大風雨如注次日風益狂拔木撤屋海大嘯河淮並溢康熙府志行水金鑑引揚州府志亦載七月二十四日大風淮河溢漂溺廬舍男婦崩城垣百餘丈程志沈志同八月庚午詔振淮揚水災明史神宗紀

三年淮決高家堰決高郵湖淸水潭丁志等口高寶興鹽為巨浸明史河渠志五行志載是年五月淮水大決神宗紀載是年五月庚子淮揚大水詔祭二府有司貪酷老疾者罷之秋八月免淮揚被水田租行水金鑑引南河全考是年淮水從高家堰東決淮南北漂沒千里又引淮安府志載是年六月霖雨不止風霾大作河淮大溢千里共成一湖居民結筏浮箔采蘆心草根以食知縣李廷春請發帑振濟程志沈志同是年工科給事中侯於趙題稱淮揚頻年水災宜浚新洋石磋諸

口以濟興鹽墊溺 行水金鑑引明神宗實錄

四年正月高郵清水潭決十一月淮黃交溢 明史五行志 海嘯 乾隆府志 明史河渠志載是年二月督漕侍郎吳桂芳奏言淮揚洪潦奔衝盖緣海濵汊港久湮入海止雲梯一徑致海擁沙橫河流汜濫而鹽安高寶不可收拾

五年閏八月淮河南徙決高郵寶應諸湖堤 明史五行志 城水災特甚 康熙府志 百姓逃亾者三之二 程志沈志同 總河潘季馴題請蠲免十一州縣錢糧 行水金鑑

七年歲大祲知縣楊瑞雲請帑並自理贖金八百兩振饑次年秋又請帑及贖金六百兩振饑民九千餘口冬又發帑金一千九百餘兩振饑民二萬餘口 程志考河防一覽

載是年三月總河潘季馴奏稱兩壩告成横流悉截山
寶興鹽一帶悉得平土而居耕穫而食官民船艘往來
無虞復業流亡懽聲載道與縣志所載不合蓋
復業在春而大穫在秋非季馴飾辭入告也
九年三月霖雨十九日大風雨雹康熙府志六月大雨没禾
知縣楊瑞雲請帑三千餘兩稻四百餘石振濟又奉旨
發帑一千五百餘兩再振程志
十年七月十三四日大風雨海州山陽鹽城各場海嘯
淹田禾溺人畜壞居舍無算康熙府志明史五行志載是年正月淮揚海溢浸鹽場三十餘死亡二千餘人正月係七月之誤
十一年七月大風雨漂汲牛畜房屋海濱鹽安略同康熙府志

十四年五月十九日河決鄒城東范家口直衝鹽城縣田廬沈没康熙府志程志沈志誤五月爲六月范家口爲蔣家口乾隆府志光緒府志皆不誤發帑三千五百兩振濟程志明史神宗紀載是年九月遣使振淮鳳災

十七年大旱自春至夏不雨二麥枯槁伍祐新興各場疫癘盛行程志沈志同

二十年鹽城麥三岐江南通志

二十二年二月亢暘四月風雨不絕蟲蟹齧禾至盡程志及康熙府志乾隆府志

二十三年鹽城瑞麥生乾隆府志　案閻若璩潛邱劄記言是年河淮決邳泗高寶舒處興化縣志載是年水災知縣歐陽東鳳疏請蠲振有云周遭二百餘里盡爲澤海明史河渠志載是年淮揚

督鹽御史陳燧請自興鹽道東疏白塗河不礙口廖家港分門出口則是年鹽邑大水可知然則瑞麥固未足為瑞也

二十九年自春入夏雷雨連綿麥禾盡沒程志

三十三年山鹽大旱乾隆府志

四十二年四十三年皆大旱程志及康熙府志

熹宗天啟四年鹽城縣大旱蝗乾隆府志

五年鹽城縣旱蝗乾隆府志

懷宗崇禎四年二月湖中得一物羊頭魚身鼈足三月有小兒鬻鱔於市鱔生角長寸許是月湖夜吼如萬馬西來唐橋支姓家屋中出泉五月有大魚自射陽湖入

澗河水噴薄高丈許（孫榮被纂集）七月霪雨傾盆淮黃交潰（明史河渠志）（吳甡柴庵疏稾爲災民急祈蠲撥疏）興化鹽城水深二丈村落盡沒（明史河渠志）老弱溺死少壯逃避或繫舟樹杪或棲止城頭百里無烟啼號不絕撫按疏題蠲賑新餉遼餉三分之一（柴庵疏集）十一月直隸巡按饒京疏報淮之鹽城揚之興化寶應棊布於河海之濱今歲蘇嘴建義決兩大口各二三百丈河水直從兩決口入射陽湖各邑盡沈水中當乘時議築（行水金鑑引崇禎長編）十二月冰合一月廣長數百里（被纘集）

五年六月黃河浸溢興工未幾伏秋水發（明史河渠志）復決

建義蘇家嘴新溝等處直瀉鹽城高寶漕堤亦潰柴應槐疏興鹽為壑海潮復逆衝范公堤軍民商竈死者無算明史河渠志流殍載道明史五行志六年荐饑鹽城教官王明佐白總明史五行志行水金鑑載是年七月御史吳振纓奏稱淮安原係水國十一州縣為宇內極貧苦之邦唯鹽城一縣產米故漕米三萬三千每年九月全完尚載米十餘萬石貿鄰封以完漕免鹽城既沒必轉鬻於江楚淮民其能堪乎謂淮無漕可鹽城興化地濱海鹽場獨多范公堤一障之內萬竈星連而決口蕩然商竈盡沒謂淮揚無鹽課可乎又高寶亦非故堤淪胥處處見告湖海洋蕩盡作盜藪謂江北無淮揚可以此言之而河工之利害其可寢食甯旦夕緩乎

十三年十四年大旱蝗蔽天疫癘大行石麥二兩民飢死無算程志沈志同

國朝順治四年麥秀兩歧歲大稔程志沈志同

六年大水程志沈志同

八年旱程志

九年十年大旱賀長齡皇朝經世文編卷一百十二載通政使經歷王明德疏云順治九年十年江南全省大旱高寶興鹽各州縣田苗盡枯堤下小民有被渴而立斃者此臣伏處田間時所目覩非僅得之傳聞也

十一年旱程志

十五年十月河決海溢見宋曹會秋堂集前異災行是年十一月初八日河南道監察御史何可化題稱五險堤工一決鹽城被淹非一歲興工所可補塞云行水金鑑引河防疏略

十六年自正月初七日至清明皆陰雨民多餓死多以兒易米范公堤外多浮屍見會秋堂集前異災行

十七年旱程志

康熙元年地震壞民廬程志沈志同

三年六月鹽城野雉遍雊董含三岡識略載爲康熙甲辰事甲辰三年也八月初三日海嘯田爲斥鹵以下程志沈志並同

四年七月初三日大風拔木海潮入城人畜廬舍漂溺無算

七年六月十七日地震城樓民居多傾陷壓死無算七月西水大發直灌鹽境田沈水底丈餘

八年清堤復決田沈如故

九年五月二十三日堤決清水潭湖溺較七八兩年尤甚次年春積水未退案山陽志衛寓門云康熙九年大水明年水益大鹽城高寶尤甚流民入山陽者千餘戶歛人程量越築廬棲之

十一年四月清水潭復決二麥盡沈五月蝗大起六月霪雨大作災荒益甚

十二年西水湧沸禾沈水底民溺死無算案曾秋堂詩集有云六年水患民皆以水草爲食又云鹽邑有白牛化龍地名龍港

十三年旱蝗

十五年八月大水行水金鑑引乾隆縣志云先是十四年有秋布政使慕天顏題准災田減

熟者三年後起科初報時皆於士者以爲租不併於已
謂田既涸出應改爲本年起科遂攜馬前從其議委推
揚道黃桂踏勘是爲十五年五月也桂至與化鹽城方
肆苛求會大霧雨清水潭復決湖田盡沒於水水且及
民廬舍被災之慘是年爲甚

十六年十七年俱水

十八年旱河湖盡涸蝗傷禾

十九年清水潭決田禾盡沈至二十一年水未退

二十四年堤決眞武廟又大雨禾苗盡沈

三十年四月二十三日大風雨雷雹交作麥無穫

三十五年秋馬路口決邵伯堰水漫田禾盡沒

三十六年三十七年俱大水

四十一年四十二年蝗食稼

四十四年自五月霖雨至八月平地水深數尺邵伯堤
決民廬漂淌
四十八年秋水淹禾
五十一年水五十二年蝗食稼
五十五年旱自夏至秋不雨
五十八年六月初三日日有食之秋大水
五十九年雨雹傷禾
六十一年四月十八日城中大火自學宫延燒東南北
三門凡數千家
雍正元年水

二年夏螟食禾七月十八日颶風大作海潮灌縣城 案行水金鑑載是年七月十八十九等日海嘯漫過范堤傳毀竈廬人畜甚慘 恩詔硃批諭旨載是年七月二十九日河道總督齊蘇勒奏稱鹽城縣報稱七月十九日卯刻海中颶風陡作鹹潮漲溢及二十日潮頭洶湧直撲城腳巳時以後水勢始覺稍平一面行查各里各場責令城內城外地保人等各擇寺廟安插被淹人民並親赴新興場等處一體安輯撫恤等情到臣臣即飛飭淮揚道前往督率該地方官逐查被淹人民加意撫綏務令得所云云

八年淮水決堤淹田禾

十年水禾生蟲嚙處皆不實

十三年縣北境旱 案是年六月初六日江南總督趙宏恩奏稱下江江浦阜甯鹽城等處有魚子化蝻臣飛飭各地方官多募人夫竭力撲捕云云

乾隆元年二年水

三年大旱二月至六月不雨赤地數百里民大饑以上程志沈志並同

四年夏四月蝗六月縣西北境暴水傷禾是歲民大疫以下沈志

五年雨暘時若歲大稔

六年正月朔甘露降七月十九日鹹潮傷禾八月十九日雨雹

七年夏五月連雨七月河決古溝開高郵邵伯各閘壩水大至闔邑盡淹

八年秋被旱成災
十年西北鄉四禾被水
十二年七月十五日大風拔木傷禾淹海居民多溺死
沈志止此　案乾隆府志云海潮爲
患伍祐場淹斃多人淅興場次之
十八年堤決大水十九年雨水禾盡傷二十年秋大水
興化志　光緒府志
所載同高郵志尤詳
二十一年春饑夏大疫　光緒府志　高郵志云疫盛行
自二月至六月死者無算興化
志云春
大疫
二十五年水　興化志
二十六年七月二十日運堤決擁正樓閘塌四座　高郵州志

興化志亦載是年水

三十年水高郵州志

四十七年自去年八月不雨至是年六月八月大雨二日夜平地二尺冬米穀踊貴大饑光緒府志

五十年大旱光緒府志興化志載是年大旱斗米千錢人相食

五十一年大饑人相食大疫死者相枕於道光緒府志興化志亦載是年春大疫

五十二年堤決大水興化志

嘉慶四年秋七月大風海溢漂沒人民知縣蔣聰收遺骴瘞之張芳齡白鴨集海樹紀異詩

十一年六月荷花塘決大水〔興化志〕

十三年大水〔光緒府志興化志載是年荷花塘決大水〕

十七年二十一年水〔興化志〕

二十三年水〔自鳴集留别情山詩注〕

道光二年秋水〔薛宦瀕湖書屋日記〕

四年冬十一月湖決十三堡臨地水深四尺〔同上光緒府志興化志亦載是年十一月十三堡決〕

六年秋霖雨自九月乃止昭關壩開臨地水約六尺高低者淹已穫之禾兩爛過半〔同上興化志云五壩齊開視嘉慶十三年水大二尺有奇〕

八年秋水同上

十一年夏六月十八日運堤決馬柳灣平地水深五尺

歲大饑人相食同上

十九年二十年二十一年皆開塌有秋水輿化志

二十二年七月地生毛瀕湖書屋日記

二十三年三月二日建陽鎮大火同日被災者數處五月初一日雨雹蝝生八月火焚大成殿柱同上

二十六年夏六月十二日夜地震同上

二十八年七月五塌盡啟大水破堤唯青龍千秋二堤未破千秋堤內村民演劇相約禁乞人入村忽暴風起

兌方水驟漲潰堤漂没人畜無算獄壼亦沈於水同上是

年知縣焦肇瀛請帑振飢民以下皆據采訪册

二十九年秋大水

咸豐元年麥秀雙歧

三年春地屢震五月大雷雨風拔木

五年十一月初三日溪水震躍如翻狀地生毛

六年大旱蝗鹹水倒灌傷田禾歲大饑餓殍塞道

十年七月運河决露筋祠

十一年秋大有年新洋港海口海不揚波是年秋八月朔日月合璧

五星

聯珠

同治元年夏旱

五年夏霪雨彌月運河決清水潭大水淹田禾

光緒二年夏旱蝗鹹水傷禾稼民饑知縣劉仟詳請停徵是年落潮堡農人掘溝得黑米十餘石宋史五行志謂之聖米爲年饑之徵

六年監生夏體仁及妻周氏廩生夏子慶王母以五世同堂奉旨旌表賜七葉衍祥扁額賞給緞疋銀兩如例十四年監生薛輔清妻陳氏恩貢生薛向榮之世母也以五世同堂奉旨旌表如例又從九品陳際良妻楊氏光緒十九年百有一歲知縣劉崇照詳請題旌又李芳寓妻潘氏光緒二十年年百有一歲知縣劉崇照給額日貞壽之門又光緒初有民人符保禮年百歲未旌而歿又劉贊宸妻朱氏光緒十九年年百有二歲又壽婦劉喬氏監生劉桂芳母壽婦朱沈氏監生朱瑞榮母皆五世同堂未旌而歿

七年春正月二十六日雷電大雨雪夜祁寒雨木冰夏

六月二十一日大雨風拔木海嘯西溢百餘里漂没人

民廬舍無算 山陽徐嘉海嘯詩辛巳六月日癸丑猛雨挾潮夜西走陽侯鼓怒翻濤頭濤頭兩丈蟠蛟蚪颶風送魚龍當厄窮霹靂逞怪神爲愁瀕海北風數千里不見非廬但見水滿天澤國相兼作平地狂瀾失涯涘萬家生死嗟須臾豈皆隱慝干天誅漂沙裂石拔大木積尸有似城濤居東海客來向人哭他邑不論論鹽瀆蘧篨萬具埋遺骸猶有幾何飽魚腹腰繩同死家爲誰排橋發屋吁纍纍鹽竈疲丁去難覓滴笛溺盡官益摧五行沴氣釀奇變天心至仁恐輕瀆沿海驚魂十餘縣平世何人拯昏墊見味靜齋集 把總楊遇宗駐防海口死焉 案光緒府志謂瀕海有巨魚挾秋潮來漂没廬舍人民語非是

丹徒廩生嚴作霖奉檄來鹽賑卹難民

九年秋七月大雨水

十四年夏大旱鹹潮逆灌秋大疫死者無算七月地生毛暴風十數日歲饑

十七年十八年旱蝗禍水傷禾東鄉民饑多逃往江南東海竈丁尤飢困

十八年十二月十六日至十九日皆雨淞似霜非霜似雪非雪父老或誤謂爲甘露考五音篇海引字林云淞凍落也玉篇廣韻皆作凍落丹徒縣志載錢楨而木冰說有云淞者霜露之氣凝結而成或寒夜月明之際或隆冬日出之時著於枯木之上燦若冰花瑩潔可愛曾子固齊州冬夜詩月淡千門霧淞寒注引諺曰霜淞重霧淞窮漢備酸是爲豐年之兆又楊慎詠霧淞序云往歲在北方寒夜冰華著樹日出飄滿庭階引俗諺云霜淞打霧淞貧兒備飯瓮詩云月白誰迷三里霧雾黃先兆萬家箱揚詩亦主豐年言之舊志載雍正五年十一月乾隆五年正月朔甘露降寒天安得有露疑亦霜淞而詠稱之然古人稱甘露之狀亦各不同宋書符瑞志云甘露狀如細雪與霜淞又未始不相近也

十九年夏四月麥秀雙歧是年夏鹹潮渡閘淮揚道訛元蝻集牆壁之四鄉多縣知縣劉崇照率民捕之皆不為災歲大稔但秋多淺霖妨樓麥而瀕海游饑如前三年邑中好義之士於南洋岸設善賑局

【民國】續修鹽城縣志稿

林懿均、李直夫修　胡應庚、陳鍾凡纂

民國二十五年（1936）鉛印本

續修鹽城縣志卷十四

雜類志

紀事

清光緒二十一年乙未秋鹽城縣志刊板告成

二十二年丙申開尙志書院重建天妃正閘八月啓高郵車邏南關二壩

二十三年丁酉兩江總督劉坤一檄縣禁米出洋是年天妃正閘工成

二十四年戊戌春穀價翔貴貧民搶米九月漕督松椿委勘鹽城范公隄外荒熟田按則升科（見濱系年表）

二十五年己亥夏旱湖蕩水涸鹹潮內灌知縣張義澍奉飭舉辦團練設局抽捐商民罷市毁局及諸在事者之家十二月十九日有大星隕於東北（見鶴塘隨筆）

二十六年庚子兩豆徧地色紫黑（見鶴塘隨筆）

二十八年壬寅春知縣陳樹祸改城西泰山寺（即西門外東嶽廟見前志卷二）爲縣學堂愚民譟起火佛殿燬陶鴻恩家

三十一年乙巳張延爵智貞徐趙鴻文等立自治學社

三十二年丙午五月大雨水傷禾六月啓高郵車邏南關二壩七月啓南關新壩是年留日學生季龍圖馬爲瓏劉啓晴等創立鹽城學會

宣統元年己酉張延爵被選爲江蘇諮議局議員六月大水啓高郵車邏南關二壩

二年庚戌辦理調查戶口譌言起愚民毀李保堂家及勸學所城西學堂七月啓高郵車邏壩除夕大雷雨

三年辛亥秋大雨水傷禾八月武漢革命軍起九月淸江十三協叛兵東下掠建陽湖埜駐上岡紳私營兵索餉譁譟縣城戒嚴十月宣告光復江蘇都督府

委知縣周光熊爲民政長陶鴻恩爲財政部長楊瑞文爲江北軍政支部長瑞文字少彭陸軍二十三旅旅長定武軍統領等職授中將二十三年卒

民國元年一月改用陽曆臨時縣議會成立二月揚州軍政分府徐寶山命師涖鹽

二年胡應庚被選爲衆議院議員陳宗彝郝儒琳被選爲江蘇省議會議員

三年大旱蝗蝻潮內灌歲大饑民多流亡興化縣勘估八灘大閘二閘議員修淮南設墾務局

五年山夏及秋大雨水八月啓高郵車邏壩

六年夏旱是年大綱公司與新興揚北七灘民爭議起邑人吳鴻璧沈芸瑞劉隱東等爲灘民向各當道呼籲芸瑞字香五附生持躬謹慎致士文行並協十二年卒

七年季龍圖被選爲衆議院議員劉啓佑孫翰宗夏崇濟文奎胡毓彬被選爲

江蘇省議會議員

十年陶儼被選爲衆議院議員趙壽吳鴻璧馬甲東陶逵被選爲江蘇省議會議員秋大水啓高郵車邏南關新壩縣境隄圩多破惟千秋青龍二隄獨完

十一年南通張謇議闢新運河南起角斜場北至灌河陳家港

十三年建黃沙閘

十四年夏射陽口鹹潮大上於西塘河戛粱河築馬尾孤岑兩壩禦之境內獲中稔

十六年二月三日地震四月聯軍二十餘萬人沿范堤北退至縣徵索糧秣夫卒舟車先後供給費二十七萬餘元公私罄藏一空六月國民革命軍過境東路總指揮部政治部委潘雨岑爲縣長八月孫傳芳回師渡江從龍潭反攻雨岑棄職去先後推商會主席黃立三承審員吳輿志攝縣事秋大稔穀價平

十七年夏旱鹹湖內涸十月城隍神像被毀愚民夜焚神殿毀縣黨部教育局及省立中學

十八年夏大旱馬尾壩決鹹湖內涸歲大饑民多流亡秋有蝗所集蘆葦皆死（並傷禾湖小蕩乾涸甲午秋有臭蟲自南來形如小蠅累千數爲几席牀帳間觸氣可厭非秋所留殺也）十二月劉漢民據縣城獨立縣長嚴錫九出走推商會主席黃立三維持治安

十九年一月省保安隊長李長江率師來平亂漢民逃去春農儀貽代放稻種夏閻馮戰事起馬玉仁聚衆響應四境土匪蜂起地方以次輸款納械莫敢抗拒省保安處長李明揚率師進剿玉仁從海道逃去

二十年秋大水啓高郵車邏南關新壩未幾運隄決二十餘處長八百丈平地水深數尺縣境隄圩悉破省政府派祁谷捷來縣設災民收容所國民政府救濟水災委員會派陳斯白來縣設局放賑

二十一年救濟水災委員會派湯發龍爲第十六區工賑局長辦理新洋港裁灣並挑天妃石礎兩閘引河湯尋被訐去職梅棟生繼竟其事是年秋米價慘落省政府徇商民請弛海禁

二十二年四月江蘇設第十區行政督察專員公署於鹽城轄鹽城阜甯興化三縣以黃漢樑爲專員兼領鹽城縣長十月二十三日初昏西南天空隕石有聲光十月開黃沙港專員黃漢樑召集鹽阜興東泰江高寶淮九縣水利會議請撥美國棉麥借款建射陽閘是月湖垛上岡一帶連日地震有聲是年門龍港建下明閘工成

二十三年二月江蘇改第十區爲鹽城區轄鹽城阜甯興化東臺四縣以鹽城隍廟舊址爲行政督察專員公署以臧啓芳字哲先漣陽人爲專員不兼縣長十月省令淮揚十二縣徵工挑浚黃河鹽城派夫一萬五千名

二十四年二月行政督察專員臧啓芳辭職以施奎齡(字念岩 天津人)繼任

二十五年一月二十五日兩淞二月二十一日晨天空閃有異光三月江北濱海墾殖區測量隊實測新運河五月導淮工程第一期土方完成六月奉命改鹽城區爲江蘇省第六區任命施奎齡爲江蘇省第六區行政督察專員

焦忠祖、龐友蘭纂

【民國】阜寧縣新志

民國二十三年（1934）鉛印本

大事記

周龍章分纂

遠稽前古近及當代天時地理恆有變遷而人治之得失係焉茲記大事於全書之首以時代爲次其事之已見他門者但舉其綱無類可歸者更張其目撫斯篇也全書之大要可知矣

唐帝堯時禹導淮自桐柏東入於海

周敬王三十四年秋吳王夫差掘邗溝通江淮

唐代宗大歷中淮南黜陟使李承築捍海堰

僖宗廣明元年黃巢築城射河南岸今喻口有城跡居民呼爲巢城

宗高宗建炎四年金人陷楚州

紹興六年兩淮宣撫使韓世忠築城屯兵

十一年宋金議和以淮水中流爲界

孝宗乾道元年淮北紅巾賊踰淮刦掠

五年海州賊時旺餘黨渡淮南掠

光宗紹熙五年淮黄合流

理宗紹定二年李全令周安民造浮梁於喻口

三年李全據楚州叛

四年官軍破李全餘黨於喻口馬邏港

元世祖至元十二年以馬邏軍寨爲山陽縣治

十三年博囉罕率所部兵遵海泝淮攻淮安

始行海運

順帝至正十三年張士誠起事據淮南北

十六年判官董搏霄擊張士誠於廟灣北沙大敗之

二十六年朱元璋命徐達常遇春破張士誠部於馬邏港

明太祖洪武初設廟灣司巡檢

十八年設廟灣場置大使副使各一人

憲宗成化七年增設天賜場置大使副使各一人

武宗正德十二年河溢廟灣大水
世宗嘉靖元年倭寇廟灣
七月二十五日海潮溢死人無算
十三年大水
十八年閏七月海溢溺死萬餘人
三十六年副使于德昌敗倭寇於廟灣
三十八年巡撫李遂敗倭寇於廟灣
穆宗隆慶三年海溢河淮並漲廟灣水災
六年河溢人民逃散
神宗萬曆三年淮決高家堰淸水潭廟灣大水
五年海漲壞范公堤死人無算
十年海嘯鹽丁多溺死
二十年設廟灣營置游擊一員

二十一年設海防同知一員

二十三年築廟灣城

二十四年總河楊一魁導淮會黃隨爲永禍

熹宗天啓元年大水廟灣匯爲巨浸

思宗崇禎三年河決蘇家嘴

四年海潮迅發毀鹽場廬舍

十三年海防同知杜繩甲始課士子

十七年淸兵南下劉澤淸及巡撫田仰率屬避廟灣

淸世祖順治四年明諸生厲豫起義師克廟灣旋敗

六年大水

十八年嚴海禁　時明遺臣常出沒海上詔嚴海禁以梅花樁釘塞雲梯關海口

聖祖康熙七年六月地震

十五年淮決淸水潭

十七年旱災

十八年弛海禁　總河靳輔奏去年旱災廟灣雲臺山一帶係山東門戶裝載一二百石小艇應准通行得旨報可於是海船雲集百貨交通

十九年水蠲免錢糧十之三緩徵漕糧

二十四年大水禾苗盡沉

二十五年海防同知郎文煥設觀瀾書院

二十九年武庠生陳一舜纂廟灣鎮志

三十五年河決童家營　馬邏全鎮毀於水其時淮又決潰水渰廟灣居民棲范公隄上如蟻集

冬總河董安國挑馬港引河並築攔黃壩南北交潰

三十八年黃淮交漲運壩決

總河于成龍奏設黃蕩營

三十九年拆攔黃壩

六十年運堤決

世宗雍正二年七月十九日海口水激廟灣亭場人畜同漂沒

五年疏黃河口

八年運堤決

十年設阜寧縣

十年秋七月既望大風海潮溢淹沒無算

十三年六月大旱魚子化爲蝻（據江督趙宏恩奏摺當時所謂魚子疑即蝗之遺卵）

高宗乾隆元年大水

三年旱災　二月至六月不雨歲大饑

四年春旱

夏連雨海潮暴漲

秋大疫

六年大水

七年五月大雨傷麥

夏六月大雨淮決高加堰之古溝田禾盡沈

十年七月河決縣境陳家浦 決口以南廬舍盡沉知府衛哲治棹船數百隻救萬餘人

十二年秋七月海潮溢 是月十四日至十六日大風拔木海潮溢沒人畜廬舍

十四年秋大雨湖海交漲田禾沒

十八年秋九月連雨湖河漲沒田廬

十九年大水

二十年大水

秋七月十四五日大風海潮暴湧漂溺民畜

二十一年春饑

夏大疫

二十四年秋八月海潮大上

二十六年秋運隄決口西水至

三十三年夏秋大旱

三十九年旱

八月河溢老壩口大水

四十年旱

四十三年湖災

四十六年夏六月大風海潮溢田廬沉沒

秋冬不雨

四十七年旱蝗歲大饑　自去年八月至是年十月不雨蝗飛蔽天

秋大雨米價漲

五十年大旱

五十一年春大饑人相食

夏大疫

秋湖水泛溢
五十二年歲有稔
五十八年夏大雨
秋海潮溢
五十九年大水
仁宗嘉慶四年秋七月初三四日海潮溢民溺
九年久雨
十年運堤決
十二年淮決荷花塘縣境決陳家浦馬家港大水
十三年淮決荷花塘縣境溢馬家港大水
十五年馬港口合龍河歸故道
十六年河溢倪家灘七巨港
十七年堤水成災

道光元年夏大疫

二年放歸海各壩縣境大水

三年歲有秋

四年冬淮黃分流黃行淮故道

五年旱

六年夏秋大雨運壩決傷禾歲大饑

七年有秋

八年運壩決

十一年夏六月運隄決馬棚灣縣境平地水深六七尺

十二年春大饑米穀騰貴

運壩決大水多魚

十三年運壩決稼不登

十五年大旱蝗

滷水倒灌入馬家蕩滷水之患自此始
十六年旱蝗
十九年秋七月運堤決
二十年運堤決
二十一年運堤決
二十三年東溝鎮火延燒數百家
二十四年秋後放車中新三堤水不爲災
二十五年冬祁寒　射河結冰不陷車者四十日
二十六年秋七月望大風拔木毀屋海潮汎覆舟無算
二十八年六月大雨運堤決水至歲大饑流民塞道
二十九年運堤決河堤決五套
渠匪粱長保率黨刦掠縣境騷然
文宗咸豐元年運堤決

黃河決豐北廳蟠龍集淮涸涸

二年春洪楊軍陷揚州縣境戒嚴始辦團練

三月七日地震

五月十二日暴風拔木破屋飛舟如蓬

七月運堤決水至

大風毀屋

冬地屢震

三年三月地震

秋運堤決

知縣龔舫獲匪魁梁長保斬以徇

海州匪數百人入縣境知縣龔舫率民團擊走之

五年六月河決蘭儀銅瓦廂遂北徙淮亦不復故道

六年大旱滷湖至歲大饑　是年二月不雨至八月蝗四起渦湖入興化境禾苗

槁死人掘附莢為糧

七年春米斗錢二千道殣相望

四月麥有秋蝗不爲災

八年旱蝗

十年夏大風雨

秋七月運隄決

十一年六月西捻由海州南竄縣境戒嚴

穆宗同治元年正月西捻入境　是月十六日縣城陷先後踞二十餘日射河北

岸鄉鎮焚掠甚慘

夏旱鹹潮倒灌

四年夏大雨傷稼

五年大水　是年夏淫雨月餘運隄決清水潭縣境平地水深丈餘

六年春旱鹹潮倒灌

夏大疫

十年四月隕霜殺草小麥枯

江督曾國藩挑雲梯關淮水故道

十一年海嘯

十二年五月二十二日鹹潮倒灌浸民田

德宗光緒元年七月十八日大風拔木海嘯

二年春旱鹹潮內灌入馬家蕩直至寶應逾年始退

三年旱蝗歲大饑

五月大風雨地震蝗抱草死

六月十六日隕霜

六年秋八月不雨歷冬而春

葦蕩營火旬餘始滅

七年六月海嘯　是月二十二日潮頭突高丈餘淹斃亭民五千餘名船戶三百

餘人

八月海嘯　初三日至初五日海潮汹湧災極重

八年海嘯毁民田

九年六月十九日海嘯漫田

夏霪雨

秋七月運堤決

十年江督左宗棠來勘淮水故道

十一年旱潦並災停徵民賦

二十三年霪雨運堤決水大至

二十四年知縣戚維醞勸賑

二十六年旱蝗鹵潮至

二十七年詔停武科

二十八年堤水至不爲災

二十九年本城創設小學堂

三十年夏旱

秋大水

三十一年詔停文科

夏大水

三十二年華洋義振會辦春振

秋壩水至

冬華洋義振會辦春振

宣統元年秋七月運壩水決

二年春知縣李紹卿擾累商民全城罷市

除夕大雷雨以風海灘鳧死無算

三年籌備自治

七月大風雨歷三晝夜

九月十三協兵變土匪蠢動　知縣方在鏞先後決匪十餘人廟灣營守備劉友昆紳私營管帶丁寶貴亦率兵游巡各鄉人心遂定

十月初一日縣境光復　軍政長徐寶山率兵入城勸反正於是城中豎五色旗以十一月一日爲中華民國元年一月一日

冬地震甚烈

民國元年裁河務官及廟灣營

冬東坎西街白晝大火延燒三百餘家

籌備自治

三年三月解散地方自治機關

九月滷湖倒灌

四年五月十四日大雨雹　北至沈王二灘南至黃海營東至七巨港西至宋家尖縱橫數十里雹深尺餘大者逾鷄卵

六年滷湖倒灌逾年始退

九年旱鹵湖倒灌

十年運堤決　據調查角一帶成澤國江蘇義振會六省協振會華洋義振會先後派員來振

十一年秋運堤決

海嘯　壞新海堆民居多毀套子河兩岸灘地之既墾者至是亦成斥鹵

九月二日颶風毀廒倉

十二年四月雨雹　自東溝鄧家溝東至鹽城境穀大損

省令恢復地方自治

十三年鹵湖倒灌至冬始退

十四年獄囚脫械遁者十三人

春旱

夏淫雨

十五年旱

十六年四月駐城聯軍北去

六月聯軍過境　先後計數十萬人水陸並進追黨軍追至其後隊多棄械易服宵遁

秋有年

六月成立臨時縣黨部旋改為特別委員會

八月聯軍自海州經縣境南下

九月黨軍克復江北由縣境北上

十七年四月溝墩大火延燒三百餘家

七月縣黨部組織黨務指導委員會　自特別委員會成立後以縣治日新壇為辦事處分組區黨部六區分部二十四並籌備農民協會及總工會是年二月成立臨時執監委員會未幾恢復特別委員會六月奉令停止黨員活動至是成立指導委員會登記合格黨員四百十三人分設區黨部五本城第一區黨部溝墩第二區黨部東溝第三區黨部蔡家橋第四區黨部東坎第五區黨部區分部二十一

夏旱蝗鹹潮倒灌

縣長馮亦龍瀆職民政廳撤懲之

成立行政局

十八年縣黨部成立執監委員會

成立反日會檢查劣貨

夏旱鹹潮倒灌

跳蝻生　縣長焦忠祺分全縣爲八區各區派指導員一人飭屬限期撲滅

改行政局爲區公所

海潮漲漫

十月溝墩鎮大火

會匪騷動警隊擊破之　時條黄一帶發生小刀會匪黨徒日衆警察大隊長熊
發和飭隊捕剿斃其魁袁道士餘黨四散

成立射河建閘委員會

十九年五月縣黨部執監委員會改選

滷潮倒灌

七月馬玉仁擅招兵擾各鄉鎮

組織警防會招待客車

十月省警隊擊馬玉仁破走之

二十年元旦裁撤關釐

三月風災　是月二十二日既夕颶風忽起毀民房露宿者千餘家斃百餘人

四月成立縣農會及教育會

縣黨部辦理國民會議代表選舉

七月縣黨部執監委員會改選

八月壩水至　月初次第啟放邵壩未幾水大至平地水深五尺傾民舍無算待振者一萬三千餘戶 按是月八日有人在省倡議啟放昭關大壩旅省同鄉會急電告知縣政府於午夜招集會議群情憤激拍電力爭十五日省政府復電云昭關壩係下游利病實屬非輕決無啟放之理仰即傳諭民衆勿聽謠言自滋驚擾

義振會設查放局

導淮委員會議決導淮由套子河入海

日本犯東三省沿海戒嚴駐軍辦防禦工事

二十一年二月日本犯淞滬失業工人千餘相繼歸

四月導淮委員會副委員長莊崧甫至七套行破土典禮

縣長洪龢元以違法撤懲

七月大疫　先由東坎鎮發生烈性虎列拉日染百餘人死亡相繼未幾蔓延至

八灘吳小集本城溝墩碩集等處

縣長吳寶瑜分飭各區設防疫所

十月縣黨部執監委員會改選

秋蝗

【嘉慶】東臺縣志

(清)周右修　(清)蔡復午等纂

清嘉慶二十二年(1817)刻本

祥異

宋太祖乾德二年七月海溢壞廬舍數百區牛畜多死

三年六月潮溢損田禾

太宗太平興國四年雨水害稼

眞宗大中祥符六年生聖米大如芡實此條萬歷泰州志興化志同

天禧元年春蝗夏六月大風吹蝗入江海或抱草木死

仁宗天聖五年三月地震

皇祐三年十二月獲白兔淫雨爲災

徽宗政和五年六月獲白兔水沒民人一千餘戶 六

年水時江淮等處軍州被水民戶流移泰州一千餘
高郵二千餘聚於揚州通判蒙安存卹得宜下詔褒
美
高宗紹興四年七月風激海潮沒田廬此條興化縣舊志
孝宗淳熙三年七月蝗　四年黑鼠盡食田禾民大饑
萬歷志作五年　六年大饑人食草木
光宗紹熙二年七月蝗
元世祖至元十八年四月饑
成宗大德九年蝗
順帝至正元年海潮洶溢溺死一千六百餘人以上泰州志

明太祖洪武二十二年七月海潮壞捍海堰漂沒各場鹽丁三萬餘口天啓中十場志　二十五年旱　三十三年海潮溢北五場

成祖永樂二年倭寇犯通州諸場驚亂

宣宗宣德五年大饑民流多殍

英宗正統二年水旣而旱運司奏鹽場水旱災有賑

三年災　五年大旱　七年水　九年水　十年水

十四年大水免租課

天順元年水

景帝景泰五年五月大雪竹木多凍死七月復大雪冰

厚三尺海濱木亦凍結草木萎死又大水民饑免租
給賑、北五場 六年水 七年旱蝗有賑
憲宗成化元年水 二年水繼大旱 三年七月海潮
溢漲壞捍海堰六十九處漂溺鹽丁二百四十七人
命巡撫林聰賑之北五場 六年秋至七年春大旱運
河竭揚州上運河迤通泰一路水盡涸鹽車咿啞之
聲晝夜不絕此條參萬歷泰州志 八年春大旱七月大雨海
漲浸沒鹽倉及民竈田產北五場 十六年旱有蝗從
東北來蔽空翳日 二十年秋至二十一年冬大旱
鹽河龜坼民饑斗粟易男女一人 二十三年大旱

孝宗宏治十三年大水· 十四年春至十六年秋大旱且疫命南京吏部左侍郎王華賑之此條參雍正泰州志 十八年大旱飛蝗蔽空食田禾殆盡

武宗正德元年正月河水冰冰皆成樹木花卉形 三年大旱飛蝗蔽天食禾苗盡夏復大水冬寒甚 七年秋七月夜颶風海溢沒民廬舍溺死三千餘人 十二年大水禾麥無遺民死者以萬計 十三年五月大水無麥有賑 十四年大風拔木海潮溢民居廬舍半漂沒人多溺死北五場

世宗嘉靖元年七月二十五日暴風雨火塊閃爍雜其

中徽晝夜海潮湧竈舍竈丁俱漂沒莫知其所在
二年正月至六月不雨秋七月淫雨不止河隄決漂沒田廬民饑人相食冬大疫死亡無算詔命南京兵部右侍郎席書賑之免明年租此條參兩泰州志　三年旱大饑道殣相望命巡撫唐龍郵賑　六年七年夏旱蝗生積地厚數寸秋大水有賑　八年水秋七月旱飛蝗蔽空兼雨土如黃丹　九年秋七月蝗冬雷
十年夏蝗蝻生　十一年水爲災北五場　十二年四月淫雨傷麥霾沙飛蝗蝻遍田野　十四年五月大雷電擊牛畜毀廬舍　六月江淮大旱飛蝗蔽天八月

蝝生積地厚尺許草無存有賑　十五年春夏旱秋淫雨没田禾免税泰州志　十八年閏七月三日海潮暴至陸地水深至丈餘漂廬舍没亭場損盤鐵竈丁溺死者數千人是年御史吳悌行司議將各場災傷未完鹽暫免追納本色每引折收價銀一錢四分解司貯庫聽商闕支後不爲例其遞年查盤總催虧欠消折鹽課每引俱折追價銀二錢并以上貯庫三場折價銀兩商人齎執各場印信申文到司查對原派榜簿相同俱於每月十六日放給　十九年夏旱飛蝗自北來傷田禾秋復大水　二十年旱饑賑　二十四年旱　二十五年大旱有賑　二十八年夏大水　三十一年水有賑　三十二年旱倭變有賑　三十三年大旱城濠竭倭入東臺何垜

栟茶等場越海安鎮以上七條俱雍正泰州志　三十四年春旱河水盡涸夏大雨如注一晝夜兩場俱決秋蝗又至食屋草無遺有賑　三十五年大水廬舍漂没有賑運鹽河生蛤蟶　三十六年彗星見東北是歲有倭警　三十七年水　三十八年大旱二月至八月不雨秋復蝗倭寇至揚州泰州高郵寶應俱被害五月倭夷入寇州民狼狽逃竄蹂踐殆盡萬歷泰州志　四十一二三年俱遭淮水

穆宗隆慶元年大有年有斗米三錢之謡　二年大稔夏酷暑田婦多暍死雙星見民間訛傳選宮女一時

婚嫁殆盡　三年秋大水海溢潮高二丈餘舟行城市溺死人民無算水患較前最烈雍正泰州志　河決高家堰黃浦口水奔騰萬姓爭載舟結筏避之田畝爲巨浸萬歷志同　四年旱蝨賊食禾苗民饑　五年六年潦民饑

神宗萬歷元年大稔　二年河決水患同隆慶三年有賑雍正泰州志　三年春冰大水七月十五日海潮暴至人民禽鳥悉罹災大風壞木傷禾　四年秋淫雨禾生耳穀價騰貴　五年苦雨九月二十九日彗星見西南光芒三丈餘東指凡半月至十月十五日始滅

六年大水十二月雷　七年水民饑陰雨梯茶竈丁
饑死二十二人　九年水海潮漲竈丁淹死者無算
十一年閏二月雨雹大如卵殺飛鳥夏旱蝗生有秃
鶖海鴿羣飛來食之　十三年大水海溢十月初六
日地震　十四年五月颶風淫雨二旬不止廬舍陸
沉民懸飢以炊浮木以棲參雍正泰州志　十五年烈風淫
雨没禾稼　十七十八年旱蝗民奔徙　十九年水
二十一年秋隄決洪水至北八場　二十四年天雨粟
已復雨毛雍正泰州志作五年　八月初九日酉時河海水齊
嘯行舟遭衝激　二十五年春大旱夏大雨兩月

二十六年水 二十八年二月十九日大雪兼雨雹雹有斑文如瑪瑙 二十九年二月二十九日將昏南方大雹并雪積二寸北方雲赤色 三十年大水三十一年稔夏秋大疫雍正泰州志 三十三年旱 三十五年夏旱秋丁溪海潮泛入河井水皆鹹 三十九年水 四十一年大稔 四十二年雨雹傷稼四十五年旱甚四月蝗飛蔽天食禾苗盡草無遺入民居室牀帳皆滿積厚五寸許秋復至分司李聯芳購捕蝗每蝗石給穀五斗共得蝗七十五石恭解鹽運司 四十六年春積陰夏旱蝗生九月二十日黎

明東南有白氣冲天日出則不見凡十餘日十一月
孛星見東方下破軍星五尺光芒拂北斗長二丈許
夏蝗起食蕩草殆盡　四十七年大旱改折雍正泰州志
四十八年蟹傷禾大水改折
熹宗天啟元年水民間訛傳選宮女婚嫁不擇時　二
年大稔　三年十二月二十二日申酉之交地震自
西南來垣墉動搖移時江河水皆嘯　五年夏旱秋
水冬饑米價騰貴梁垛場草寇蠭起至十六年春民不
聊生揷草鬻子女者盈衢市饑民搶預備倉御史朱廷立奏曰鹽課之盈縮由竈丁之存耗查竈丁爲煎辦之本未有不加意於此而欲加課於彼者也各場煎鹽竈

丁酉年以來節遭災傷逃亡過半以故虧損國課賠累官總且如民間一遇災傷所司隨即奏免稅糧至於鹽課之入乃必取足焉是竈丁煎辦之苦有甚於耕耨之民而寬恤之惠獨無一分之及窮竈皦皦無所仰賴如之何其不流移也請今後竈丁凡遇饑饉之年除應得隨鹽賑濟外其餘照有司賑濟事例量爲動支官銀責委廉能官員設法通融給散務使窮竈均沾實惠庶竈丁獲寬恤之恩鹽課無虧損之漸而官總可免杖追併賠之患矣

六年七月大風拔木蝗旱冬雨木冰　七年木傷稼

莊烈帝崇禎元年稔　按如皋志是年十一月乙酉大昏霧草木皆成冰　四年夏旱秋大水決湖隄民饑冬道殣相望　五年春多盜夏旱六月望日大風拔木八月淮再決漂禾稼

六年稔　七年閏八月二十五日大風雨拔木漂禾

稼　八年正月流冦掠鄰邑七月蝗　九年夏淫雨傷禾冬無雪　十年大稔冬日入赤光亘天以上俱參泰州志　十一年夏秋旱井泉涸七月至九月飛蝗蔽天方千里禾苗草木無遺冬日入赤光亘天　十二年旱蝗冬無雪赤光亘天　十三年四月至七月不雨蝗復至飛盈衢市屋草靡遺民大饑人相食　十四年旱蝗有麥無禾河竭春夏疫死者無算麥石價一兩八錢米石價五兩運河有蝗　十五年春旱五月雨雹破屋廬殺牛畜　十六年稔十一月十三日冬至酉時大雨雷雹　十七年春疫人多死

國朝

世祖章皇帝順治元年稔　二年麥秀兩歧六月四日海溢按如皋志閏六月星隕如雨又雨沙　三年大稔十月十五日冬至未時地震房宇皆簌簌有聲　四年水有秋　五年稔

六年五月四日大雨四日水漫岸六月洪水至　七年旱秋九月大水十月朔日食無光晝晦星見是夜雷電風雨海潮溢　八年五月至六月連雨二旬水三尺禾盡淹　九年春夏旱瘟疫行　十年夏旱且疫　十一年六月二十二日風雨大作海潮漲按如皋志是年蕎麥每石三十兩　九月白晝有黃蚊飛嚙人十一月河冰

厚尺餘人行冰上雨浹旬　十三年春旱閏五月淫雨傷禾秋七月訛傳選宮女民間婚配惟恐後室女爲一空　十五年四月四日地震屋舍動搖初十日又震既止移時復震翼日又震十六日又震凡五十六年春饑分司高勃勸賑夏六月海賊鄭成功寇瓜步入潤州窺金陵沿塲戒嚴八月洪水至　十七年四月二十日雨雹二麥傷六月雨十五日午時天中星見秋稔　十八年海潮至淹廬舍無算秋旱

聖祖仁皇帝康熙元年旱七月水決禾無收民饑　三年八月海潮上凡六至廬舍漂溺十月彗星見光芒長二丈

西指經月餘始滅　四年七月颶風作拔樹海潮高數丈漂没亭塲廬舍竈丁男女數萬人凡三晝夜風始息草木咸枯死　五年五月朔有霜　六年四月蝗蔽天分運汪兆璋購捕蝗蝗石給粟斗民爭趨之數日後蝗一夕盡抱草死　七年六月十七夜地震河水觸岸有聲墻垣傾圮秋八月淮水至民饑　九年五月大水蠲免全糧發帑賑濟復准報洒三年之後方行開徵（此條雍正泰州志）　十年春水分司汪兆璋勸賑流民得不饑六月七月旱疫行人多死米石價一兩八錢　十一年六月飛蝗蔽空七月洪水至傷禾

以下俱泰州志 十二年水 十四年水 十五年水 十六年水 十八年蝗旱 十九年水 二十一年水涸 二十四年水 以上各年水旱下鄉錢糧俱奉

恩免 三十二年水蠲免地丁銀七千八百七十六兩零鳳米一千三十四石零 三十五年大水丁糧全免三十六年水奏准併新水積水版荒三案共蠲免地丁銀三萬八千八百兩零漕米三萬二千五百石零鳳米七千五百石零月糧米五百三十九石零月糧麥五百八十八石零 三十七年水蠲免同三十六年 三十八年以白駒等十四場水災巡鹽御史卓琳奏

推豁免三十七八兩年應徵折價三萬三千六百九兩有奇此條鹽法志　三十九年大水丁糧全免　四十四年水蠲免地丁銀八千六百兩零鳳米二千二百石零　四十六年旱蠲免地丁銀八千五百八十兩零鳳米二千二百四十八石零　五十二年旱蠲免地丁銀四千五百八十兩零鳳米一千一百九十九石零　五十四年水蠲免地丁銀一千二百七十二兩零鳳米三百七十二石零　五十五年旱蠲免地丁銀二千四百七十兩零　五十八年水蠲免地丁銀七千五百九十兩零鳳米一千九百七十五石零

五十九年水蠲免地丁銀八百二十九兩零夙米二百四十三石零

世宗憲皇帝雍正元年大稔　二年七月十八九日風雨東臺等十場暨通海屬九場共溺死男女四萬九千五百五十八口衝毀范公隄岸漂蕩房屋牲畜無算蠲免折價賑濟竈民淹没民田地八百餘頃蠲免地丁銀八百三十九兩零夙米二百八石零時據糧戶朱華唐劉庄人等呈請巡撫自此散里革除排年碑立泰州署二門文載藝文志　三年半熟　四年稔　五年稔　六年秋大有年　七年夏旱蝗　八年六月二十一二日大

風海溢　九年冬恒燠十月地震　十年秋七月十七八日風雨大作壞屋拔木陸地水深尺許江海溢　十二年大風壞屋無算海潮溢　十三年秋大水冬雨黑豆

高宗純皇帝乾隆元年童謠云乾隆錢萬萬年先買瓦屋後買田秋海溢冬訛言禁民間畜雞四境盡殺而埋之如皋志　三年秋大旱河竭蠲免折價平糶兼賑采鹽法志　五年海溢冬大寒采如皋志　六年稔　七年夏秋淫雨潰隄決街市水深三尺漂溺人民廬舍蠲免折價錢糧平糶兼賑　八年夏風雷暴作大水停緩二三五

六年帶徵折價　九年春雨雹秋旱蝗　十年普免
錢漕秋海溢冬大寒　十一年十二月築避潮墩
十二年秋七月十四五六日大風潮溢淹損通泰
屬鹽場男婦丁口照上江例給棺殮銀每大口一兩
小口減半蠲免折價積欠發穀平糶采鹽法志　十三年
正月十六日夜月青似蝕非蝕夏五月暴風雨雹拔
木壞屋隕石　十四年元日五色雲見秋大雨河海
交漲采如皋志　十五年六月大雨發鹽義倉穀平糶
十八年九月雨河湖多漲西水驟至閘范隄漂溺廬
舍人民蠲賦賑恤　十九年八月初二日大風潮溢

淹角斜等場溺男婦人口計給棺殮銀三百兩有奇
賑恤平糶　二十年七月十四五日連夜風雨海潮
上湧淹亭蕩地畝蠲緩折價給口糧一月以上采鹽法志
二十一年潰隄決大水大疫蠲免錢糧　二十二年
豁免竈欠折價　二十三年大稔　二十四年八月
初二三日大風潮溢淹沒亭蕩蓬舍田禾蠲免泰屬
北七場銀二萬一千三百三十兩有奇其餘帶徵有
差　二十四年秋大風海潮溢　二十五年五月雨
四十日大水發鹽義倉穀平糶　二十六年積水未
退秋大風潮溢巡撫陳宏謀奏准下河低窪田畝減

則　二十七年豁免通淮泰帶徵二十三年、折價銀九千六百五十四兩有奇　二十八年稔　三十一年普免漕糧　三十三年初分縣治夏秋大旱蝗河竭知縣王玉成詳請撫恤准給口糧二萬四千六百九十八戶發泰州常平倉穀予賑并放竈借草本賑銀穀蠲免折價錢糧　三十四年春借給籽種銀四千兩　三十五年稔　三十七年大稔秋大風潮溢　三十八年稔　三十九年秋大旱民地無禾者三千二百三十二頃竈境無與富安至劉莊八場賑糶蠲賦　四十年夏秋不雨旱蝗賑糶蠲緩折價錢糧各

有差　四十一年稔　四十二年普免錢糧秋稔
四十三年夏秋旱竈給借口糧一月　四十四年
恩免民竈積欠銀兩　四十六年豁免四十三年竈借口糧
穀價秋大風潮溢　四十七年秋旱緩徵漕糧　四
十八年大稔　四十九年稔冬旱是年
恩免積欠錢糧　五十年大旱無麥無禾自三月至次年二
月十三日方雨運鹽河竭井涸蝗米石價十兩麥石
價五兩民饑賑糶蠲免民賦竈折　五十一年春大
疫麥秀雙歧七月水蠲賦兼賑　五十二年水　五
十三年大稔　五十四年蝗尋滅秋稔　五十五年

春三月雨雹夏旱秋水冬十二月大雪四五尺　五
十六年稔　五十七年輸蠲錢糧五月三日大風雷
雨雹如盎十二月雷　五十九年何梁場張麻套竈
民徐氏田中黍稭數百株結太平壽等字皆紅色秋
風雨海溢東臺何梁丁溪草堰四場借給草本　六
十年元旦日食上元日月食春發鹽義倉穀平糶
皇上嘉慶元年秋稔富安場壇口莊民陳鳳詔年八十歲五
世同堂　二年輸免錢糧　三年旱緩徵錢漕　四
年七月初三四日大風海溢范公隄決淹損民禾棉
茶角斜等場廬舍漂没賑恤給修房屋銀蠲緩折價

五年稔　六年稔　七年大旱河竭停徵折價
八年稔　九年春旱秋水大風潮溢停徵折價　十
年六月大風雨海潮溢五壩決西水驟至高涌丈餘
漂沒廬舍賑恤蠲賦　十一年春民饑食水中藴頭
三稜等草河魚湧出人爭取之每斤直數文謠曰耿
侯放賑夏旱無麥大疫六月荷花塘決西水為災賑
恤蠲賦　十二年二月初四日南三竈民成文泰妻
陸氏一産三男旱河竭無禾蠲賦　十三年春旱秋
荷花塘決災如十年賑恤蠲賦　十四年旱分别緩
徵錢糧五月趙家埊民人丁鴻藝年九十五世同堂

十五年旱分别緩徵錢糧　十六年旱分别緩徵錢糧七月彗星見廿月没　十七年洪湖水溢分别蠲賦　十八年春旱河涸秋湖水溢分别緩徵錢糧　十九年夏秋大旱河涸井枯無禾無鹽石米價五兩民饑停徵錢糧折價發鹽義倉穀平糶借給竈戶口糧草本　二十年春疫四月大雨麥秀雙歧秋湖水溢分别緩徵錢糧　二十一年三月十七日大雪夏湖水盛不爲災秋大稔

按泰州志所紀祥異自宋初迄

國朝雍正六年其間於縣境鹽場或有漏畧參以中

十場志鹽法志如皋縣志互考而備錄之以後則
采鹽法志如皋縣志暨歷年在縣檔冊並詳載免
緩錢糧停徵折價以見我
國家遇水旱偏災蠲貸賑恤有加無已之至意也